贾东　主编　建筑与文化·认知与营造　系列丛书

经营自然与北欧当代景观

杨　鑫　著

中国建筑工业出版社

图书在版编目（CIP）数据

经营自然与北欧当代景观/杨鑫著. —北京：中国建筑工业出版社，2013.5
（建筑与文化·认知与营造　系列丛书/贾东主编）
ISBN 978-7-112-15360-2

I.①经…　II.①杨…　III.①自然景观-景观设计-研究
IV.①P901

中国版本图书馆CIP数据核字（2013）第077501号

责任编辑：唐　旭　张　华
责任校对：王雪竹　刘梦然

建筑与文化·认知与营造　系列丛书
贾东　主编
经营自然与北欧当代景观
杨　鑫　著
*
中国建筑工业出版社出版、发行（北京西郊百万庄）
各地新华书店、建筑书店经销
北京嘉泰利德公司制版
北京建筑工业印刷厂印刷
*
开本：787×1092毫米　1/16　印张：12¼　字数：254千字
2013年7月第一版　2013年7月第一次印刷
定价：39.00元
ISBN 978-7-112-15360-2
(23424)

总　序

人做一件事情，总是跟自己的经历有很多关系。

1983 年，我考上了大学，在清华大学建筑系学习建筑学专业。

大学五年，逐步拓展了我对建筑空间与形态的认识，同时也学习了很多其他的知识。大学二年级时做的一个木头房子的设计，至今还经常令自己回味。

回想起来，在那个年代的学习，有很多所得，我感谢母校，感谢老师。而当时的建筑学学习不像现在这样，有很多具体的手工模型。我的大学五年，只做过简单的几个模型。如果大学二年级时做的那一个木头房子的设计，是以实体工作模型的方式进行，可能会更多地影响我对建筑的理解。

1988 年大学毕业以后，我到设计院工作了两年，那两年参与了很多实际建筑工程设计。而在实际建筑工程设计中，许多人关心的也是建筑的空间与形态，而设计人员落实的却是实实在在的空间界面怎么做的问题，要解决很多具体的材料及其做法，而多数解决之道就是引用标准图，通俗地说，就是“画施工图吹泡泡”。当时并没有意识到，这种“吹泡泡”的过程其实是对于建筑理解的又一个起点。

1990 年到 1993 年，我又回到了清华大学，跟随单德启先生学习。跟随先生搞的课题是广西壮族自治区融水民居改造，其主要的内容是用适宜材料代替木材。这个改进意义是巨大的，其落脚点在材料上。这时候再回味自己前两年工作实践中的很多问题，不是简单地“画施工图吹泡泡”就可以解决的。自己开始初步认识到，建筑的发展，除了文化、场所、环境等种种因素以外，更多的还是要落实到“用什么、怎么做、怎么组织”的问题。

我的硕士论文题目是《中国传统民居改建实践及系统观》。今天想来，这个题目宏大而略显宽泛，但另一方面，对于自己开始学习着去全面地而不是片面地认识建筑，其肇始意义还是很大的。我很感谢母校与先生对自己的浅薄与锐气的包容与鼓励。

硕士毕业后，我又到设计院工作了八年。这八年中，在不同的工作岗位上，对“用什么、怎么做、怎么组织”的理解又深刻了一些，包括技术层面的和综合层面的。有一些专业设计或工程实践的结果是各方面的因素加起来让人哭笑不得的结果。而从专业角度，我对于“画施工图吹泡泡”，有了更多的理解、无奈和思考。

随着年龄的增长及十年设计院实际工程设计工作中，对不同建筑实践进一步的接触和思考，我对材料的意义体会越来越深刻。“用什么、怎么做、怎么组织”的问题包含了诸多辩证的矛盾，时代与永恒、靡费与品位、个性与标准。

十多年以前，我回到大学里担任教师，同时也参与一些工程实践。在这个过程中，我也在不断地思考一个问题——建筑学类的教育的落脚点在哪里?

建筑学类的教育是很广泛的。从学科划分来看，今天的建筑学类有建筑学、城市规划、风景园林学三个一级学科。这三个一级学科平行发展，三者同源、同理、同步。它们的共同点在于，都有一个“用什么、怎么做、怎么组织”的问题，还有对这一切怎么认知的问题。

有三个方面，我也是一直在一个不断认知学习的过程中。而随着自己不断学习，越来越体会到，我们的认知也是发展变化的。

第一个方面，建筑与文化的矛盾。

作为一个经过一定学习与实践的建筑学专业教师，自己对建筑是什么、文化是什么是有一定理解的。但是，随着学习与研究的深入，越来越觉得自己的理解是不全面的。在这里暂且不谈建筑与文化是什么，只想说一下建筑与文化的矛盾。在时间上，建筑更是一种行为，而文化更是一种结果；在空间上，建筑作为一种物质存在，它更多的是一些点，文化作为一种精神习惯，它更多的是一些脉络。就所谓的“空”和“间”两个字而言,文化似乎更趋向于广袤而延绵的“空”，而建筑更趋向于具体而独特的“间”。因而，在地位上，建筑与文化的坐标体系是不对称的。正因为其不对称，却又有着这样那样的对应关系，所以建筑与文化的矛盾是一系列长久而有意义的问题。

第二个方面，营造的三个含义。

建筑其用是空间，空间界面却不是一条线，而是材料的组织体系。

建筑其用不止于空间，其文化意义在于其形态涵义，而其形态又是时间的组织体系。

对营造的第一个理解，是以材料应用为核心的一个技术体系，如营造法式、营造法则等。中国古代建筑的辉煌成就正是基于以木材为核心的营造体系的日臻完善。

对营造的第二个理解，是以传统营造为内容的研究体系，如先辈创办的中国营造学社等。

对营造的第三个理解，则是符合人的需要的、各类技术结合的体系。并不是新的快的大的就是好的。正如小的也许是好的，我们认为，慢的也许是更好的。

至此，建筑、文化、认知、营造这几个词已经全部呈现出来了。

对建筑、文化、营造这三个概念该如何认知，是建筑学类教育的一个基本命题。

第三个方面，建筑、文化、认知、营造几个词汇的多组合。

建筑、文化、认知、营造几个词汇产生很多组合，这里面也蕴含了很多互动关系。如，建筑认知、认知建筑，建筑营造、营造建筑，建筑文化、文化建筑，文化认知、认知文化，文化营造、营造文化，认知营造、营造认知，等等。

还有建筑与文化的认知，建筑与文化的营造，等等。

这些组合每一组都有一个非常丰富的含义。

经过认真的考虑，把这一套系列丛书定名为“建筑与文化·认知与营造”，它是由四个关键词组成的，在一定程度上也是一种平行、互动的关系。丛书涉及建筑类学科平台下的建筑学、城乡规划学、风景园林学三个一级学科，既有实践应用也有理论创新，基本支撑起“建筑、文化、认知、营造”这样一个营造体系的理论框架。

我本人之《中西建筑十五讲》试图以一本小书的篇幅来阐释关于建筑的脉络，试图梳理清楚建筑、文化、认知、营造的种种关联。这本书是一本线索式的书，是一个专业学习过程的小结，也是一个专业学习过程的起点，也是面对非建筑类专业学生的素质普及书。

杨绪波老师之《聚落认知与民居建筑测绘》以测绘技术为手段，对民居建筑聚落进行科学的调查和分析，进行对单体建筑的营造技术、空间构成、传统美学的学习，进而启迪对传统聚落的整体思考。

王小斌老师之《徽州民居营造》，偏重于聚落整体层面的研究，以徽州民居空间营造为对象，对传统徽州民居建筑所在的地理生态环境和人文情态语境进行叙述，对徽州民居展开了从“认知”到“文化”不同视角的研究，并结合徽州民居典型聚落与建筑空间的调研展开一些认知层面的分析。

王新征老师之《技术与今天的城市》，以城市公共空间为研究对象，对 20 世纪城市理论的若干重要问题进行了重新解读，并重点探讨了当代以个人计算机和互联网为特征的技术革命对城市的生活、文化、空间产生的影响，以及建筑师在这一过程中面临的问题和所起到的作用，在当代建筑和城市理论领域进行探索。

袁琳老师之《宋代城市形态和官署建筑制度研究》，关注两宋的城市和建筑群的基址规模规律和空间形态特征，展示的是建筑历史理论领域的特定时代和对象的“横断面”。

于海漪老师之《重访张謇走过的日本城市》，对中国近代实业家张謇于 20 世纪初访问日本城市的经历进行重新探访、整理、比较和分析，对日本近代城市建设史展开研究。

许方老师之《北京社区老年支援体系研究》以城市社会学的视角和研究方法切入研究，旨在探讨在老龄化社会背景下，社区的物质环境和服务环境如何有助于老年人的生活。

杨鑫老师之《经营自然与北欧当代景观》，以北欧当代景观设计作品为切入点，研究自然化景观设计，这也是她在地域性景观设计领域的第三本著作。

彭历老师之《解读北京城市遗址公园》，以北京城市遗址公园为研究对象，研究其园林艺术特征，分析其与城市的关系，研究其作为遗址保护展示空间和城市公共空间的社会价值。

这一套书是许多志同道合的同事，以各自专业兴趣为出发点，并在此基础上的不断实践和思考过程中，慢慢写就的。在学术上，作者之间的关系是独立的、自由的。

这一套书由北京市教育委员会人才强教等项目和北方工业大学重点项目资助，以北方工业大学建筑营造体系研究所为平台组织撰写。其中，《中西建筑十五讲》为《全国大学生文化素质教育》丛书之一。在此，对所有的关心和支持表示感谢。

我们经过探讨认为，“建筑与文化·认知与营造”系列丛书应该有这样三个特点。

第一，这一套书，它不可能是一大整套很完备的体系，因为我们能力浅薄，而那种很完备的体系可能几十本、几百本书也无法全面容纳。但是，这一套书之每一本，一定是比较专业且利于我们学生来学习的。

第二，这一套书之每一本，应该是比较集中、生动和实用的。这一套书之每一本，其对应的研究领域之总体，或许已经有其他书做过更加权威性的论述，而我们更加集中于阐述这一领域的某一分支、某一片段或某一认知方式，是生动而实用的。

第三，我们强调每一个作者对其阐述内容的理解，其脉络要清楚并有过程感。我们希望这种互动成为教师和学生之间教学相长的一种方式。

作为教师，是同学生一起不断成长的。确切地说，是老师和学生都在同学问一起成长。

如前面所讲，由于我们都仍然处在学习过程当中，书中会出现很多问题和不足，希望大家多多指正，也希望大家共同来探究一些问题，衷心地感谢大家！

贾　东
2013 年春于北方工业大学

目　录

第1章　概　述

1.1　北欧当代景观设计

思考源于对现代城市公共空间自然体验的追寻。时值中共十八大报告提出“美丽中国”这样一个令人充满遐想的词汇，作为园林景观设计师，更是会有无限的憧憬。“生态文明的自然之美，科学发展的和谐之美，温暖感人的人文之美”，“美”铸就了城市的美好和生活的幸福，那园林景观的设计经验、设计理念与设计手段能否为这样一种“美丽”增添一抹余韵？设计师是构筑美丽的工程师，更是坚守美丽的虔诚信徒。只是在城镇化飞速发展的今日，不尽如人意的场景始终不曾间断，我们坚守的美丽也需要改造，我们已经改造的是否依然美丽。矛盾与困惑萦绕之时，或许可以寻找一点启示，无需完整，哪怕只是某一层面的顿悟。

选择北欧，与它的特殊自然条件有重要联系，而更重要的是在这样的地域环境之中逐渐建立起来的对自然的认知观念。北欧由丹麦、瑞典、芬兰、挪威、冰岛以及法罗群岛和格陵兰岛组成，是一个社会经济发达、政治稳定，自然资源丰富、人口稀少，人民福利优越、生活富足的地区。北欧各个国家同处于北温带向北寒带交界处，大部分地方终年气温较低。北欧的冬季漫长寒冷，夏季短促凉爽，昼夜温差与气温年较差都很大。北欧国家森林资源丰富，大部分地区雨量充沛，温湿的气候利于针叶林与牧草的生长，林木茂密。北欧河流短小，与众多湖泊相通，水量丰富。斯堪的纳维亚半岛的冰川侵蚀与堆积地貌形成了河流的较大落差，水能丰富。北欧地区起伏的丘陵与整齐的林缘，平静的湖泊与蜿蜒的海岸，构成了独特的地域性景观特质。在极端的气候条件与多样的自然环境中，北欧人对自然条件和自然资源具有与生俱来的敏感性。利用现状的自然条件，以最小的代价换取与自然的和谐共存是北欧当代景观设计最具有智慧的特征之一。

对自然的高度关注成就了北欧当代景观特殊的“自然观”，发达的社会环境也为这一“自然观”的生长提供了滋生的社会土壤。园林景观对自然的利用、经营，最终创造了幸福的城市生活。北欧国家有相似的社会环境，阶层弱化，福利保障完善，生活水准平均，社会民主和谐。北欧的整个艺术领域发展主要依靠知识分子、中产阶级、工人阶级等，从建筑设计、景观设计到工业设计，均以功能主义为主导，尊重广泛的社会需求，为普通人提供平实的、精良的设计。

北欧当代景观设计遵循着“花园是社会和精神的艺术”这一原则，将社会性作为景观设计第一要素，景观空间的设计是为了满足日常生活的需要，进而体现景观的社会价值。

自然性与社会性的综合发展成就了北欧当代景观设计的地域化特征，历史发展的进程又将北欧当代景观最突出的成就推向高潮——城市公共空间的景观设计。在北欧当代景观设计的发展历程中，20 世纪 50 年代是一个标志性时期，逐步形成了具有典型地域特征的斯堪的纳维亚风格，并在世界设计领域占据一席之地。在建筑领域注重建筑与环境的对话，地方材料的运用以及精致的细节，创造了独具人情味的现代建筑设计风格。景观设计的地位越来越突出，景观功能与景观形式的结合成为设计关注的焦点之一。功能化的花园以及城市公园建设逐渐增多，并开始形成了具有地域性景观特质的设计语言与风格。20 世纪 60 年代开始，城市化加速发展，城市的扩张与人口的增加开始侵蚀原有的自然景观。景观规划与设计逐渐地介入到各类基础设施的建设项目当中，以试图探讨工业的发展、城市的建设如何与自然空间和谐共处。20 世纪 90 年代初期，北欧地区的很多主要城市开始反思城市发展的真正需求，并努力建设舒适的生活居所。许多城市中心区开始了更新改造的漫长过程，城市公共空间的建设受到了极大的重视，自然的可持续发展观直接促进着城市中景观空间的建设。

自然环境、社会环境与历史发展共同构筑了北欧当代景观设计的庞大体系，梳理园林景观的“设计经验、设计理念与设计手段”，便使话题回到了开篇的“美丽中国”。思考与分析的目的并不是详尽地解析北欧当代景观的整个体系，只是几个重要层面的阐释，为我国当代城市的发展、园林景观的建设提供参考与借鉴。

自然观是一切发生的原初动力。北欧当代景观设计以城市公共空间的建设为切入点，首先明确景观空间的存在。从城市区域的角度，景观空间是整合与连通的自然化元素；从公共空间的角度，景观空间是一种改变，它将自然的感知带入了城市，与北欧多变的气候条件相结合，赋予了城市公共空间自然化的场所。

空间是景观存在的基础，而路径却是一个特殊的设计层面。因北欧国家这些城市公共空间中自然化景观空间的建立，引出了自然化景观路径的独特设计。这里的景观路径偏重于体验的过程。路径存在于空间之中，而自然的感观体验依赖于景观路径的组织与整合。这是北欧当代景观设计“自然化”体现的一个重要依托，它将设计师脑海中那些对自然细腻的观察、感悟，以景观的形式重塑出来，并强化为使用者对自然的感知与感悟，喜爱与感动。因有了使用者的自然体验过程而使景观空间更具有城市意义。

景观空间与路径是景观要素的承载体，三者密不可分。景观要素决定景观细节，而细节正是北欧当代景观独具特色的设计层面。质朴的材料与近乎工艺化的设计细节，成就了北欧当代景观对自然细致入微的感知与体验。它细腻却并不繁杂，艺术化却并不人工化。景观要素更多地包含着自然界万物瞬息改变的一切事物，风、光、云、雨、雪，清晨、午后、傍晚、黑夜，行色匆匆、驻足观望、极目远眺的人们……这就是北欧景观，它所涉及的景观要素因自然而丰富，因自然而无限。

景观功能是一切景观设计的基本原则，而针对北欧当代景观设计的功能阐释将是景观空间、路径、要素设计的终极状态。景观功能将空间的建立、路径的体验与要素的细节上升为精神层面的满足与社会价值的体现。北欧国家城市公共空间的设计以浪漫、诗意、细腻、多变的自然气息和轻松、自由、平等、民主的空间氛围，提升了区域的活力，将景观的社会价值最大化呈现，也最终形成了北欧国家独特的景观设计精神特质。

21 世纪的北欧当代景观设计正朝着对社会与人、自然与文化、形式与艺术的综合关注的目标展开新的探索。现代建筑之父路易斯・沙利文（Louis Sullivan，1856~1924 年）曾经说过：“设计是表达和体现时代与社会概念的最佳手段。”为社会而设计是北欧国家“人人平等”的社会体制所决定的，也是地域文化、地域环境的属性所决定的。自然观的建立是一切改造的基本点，园林景观师的责任已经不仅仅是自然空间的利用与改造，更重要的是自然化的景观设计如何满足人们的基本需求，如何激发区域的综合活力，如何塑造最高的社会价值。

北欧当代景观设计以质朴的外表和精致的细节秉承着对自然的高度关注，与地域自然环境进行最亲密的对话，尊重土地的灵魂与场地的特质，最终将健康、幸福的感知带到场所中来。

1.2 空间・路径・要素・功能

景观设计的自然观与经营自然

自然意味着与生俱来或未被碰触的事物。自然的原始定义是指：“人的内在本质和存在”。自然的概念是可变的。从人类的角度，人们常常谈论自然，并将自己看做是自然的一部分，所有的生长变化就像乡土植物一样，自然繁衍、自然选择，与自然演进规律一致。人类利用自然的包容性，不断索取，并乐享其中。在自然中进行各种改造行为，以便使其成为更舒适的人类活动空间，其本身是不可回避的自然索取过程。而园林景观师的责任是如何将这一过程协调，使人类活动与自然环境相互适应又共生共进。

自然展现给人们的外部属性常常表现为可感知、可使用的外化空间，这些空间经过园林景观师的改造，将自然环境塑造为可为人类享受的空间，在处理外部自然环境的过程中，自然的内在本质无时无刻不在显露。设计师需要经营这些自然的本质要素，而非简单的利用。“利用”终究是一种被动的使用状态，而“经营”是相互的付出与索取关系，是一种可持续发展的过程。经营自然是设计者、居住者、管理者、决策者……与自然互动的过程，所有自然内在本质与外在属性都是可用的，所有对自然实施的行为是有回报的；同样的，自然的经营需要更多的倾力与维护，需要关注与投入。这是一个长期的发展过程，是设计师意识的确立和信念的建立。

景观空间

景观是连接人类与自然的桥梁。园林景观师通过场地设计来改造自然，希望尽可能地满足居住者的使用需求；同时又必须权衡改造的力度、方式与手段。这是一个复杂的工程，目的是将自然原始的记忆与物质存在以艺术化的形式展现在景观空间之中，并成为可感知的场所。

景观空间成为承载自然化存在的基本单元。然而，景观空间建立追求的终极状态却是这个自然中的基本单元从“此空间”到“无空间”的创造过程。“无”意味着消失或融入，它可以是物质形式的融入，也可以是精神感知的升华。“无”是为了以另一种状态存在于自然之中，它超越景观空间的物质存在，摒弃所有形式、艺术、功能与视觉，让自然的感受控制一切。

正如北欧著名景观设计师 S.I. 安德松（Sven Ingvar Andersson，1927 年～）所说的：“花园设计是一个有着它自身身份和尊严的艺术，它不应该模仿自然，也不应该模仿其他艺术，更不要追随任何潮流，花园被设计只为了停留，它存在于这里，此时此地。”①

景观路径

北欧著名的园林景观师 S.I. 安德松有“将诗引入花园”的美誉，他曾说：“花园是为人存在的，花园要被所有感官感知。”

景观路径是感知体验的动态承载，它将各个精彩的情节按照一定的序列串联贯通，以将使用者带入一场感知体验的盛宴当中。景观路径可能是一条通向景观空间内部的交通要道，也可能是徜徉漫步的林中小径，它连通了空间，满足了功能，甚至控制形式与布局，将使用者带入了全新的体验空间之中。

自然化景观空间中存在着感知自然的景观路径，它引领着人们体验那些细腻的自然情感。在这样的空间中，景观路径不仅仅是一条线路、一个序列或空间串联。变幻的自然赋予了路径更多样化的涵义，它随着自然演进规律而变化，也依托人们对自然的不同认知而改变。同样，景观路径的组织也为极其多样的自然要素提供了富有逻辑的整合方式，被人们所感知、接纳、心领神会。

---

① Andersson. Sven-Ingvar.Individual Garden Art，About Landscape [M].Munchen：Callwey Verlag.2002.

景观路径中的每一个场景都是“自然”个性化的空间情节，它们或轻松幽默，或浪漫诗意，或静谧安详，或波澜壮阔，路径的引领将景观空间升华为精神感知的天堂。

景观要素

不同的季节，不同的天气，不同的白昼黑夜，人类生存的自然界本就丰富多彩，它给人们提供了最基本的生存空间。园林景观师利用这种“丰富多彩”来塑造舒适的人类娱乐活动空间。与其说是一种自然资源的利用，不如说是对自然最温柔的再现与强化。只有能够敏感地触摸到大自然中各类微妙的情感与场景，才能更好地利用自然要素，创造真正的自然化景观空间。

自然要素本身就是景观空间中最基本的组成部分，只是人类的干预将各类景观要素的性质改变，以适应更多的人类活动需求。就像人类发明了钢筋混凝土以满足居住需求一样，植物被种植以形成林荫小径，灯光在夜晚点亮黑暗的花园，木质的平台为人们提供了舒适的停坐空间……这些铺装材料、河流小溪、林木花卉生长于自然之中，不可分割。所有气候的变化、天气的改变以及时间的流逝都将为各类景观要素创造出持续不同的瞬时表征，这是自然化景观空间形成的基础，也是景观空间对自然的回馈。

所有的细节由自然化的景观要素展开，所有的空间由自然化的细节组成。

景观功能

“好的公园就像莎士比亚的戏剧，你期待加入其中，并确实享受其中。同时，你也能够从中领会更多的生活真谛、人性认知和自我思考。”①

景观功能将园林景观设计再次定位于人类，对自然空间的改造，对地域性景观的维护，对公共生活空间的建立，归根结底是为了满足所有的人类使用需求。自然的经营势必要有所收获。对于设计师来讲，这种收获不是自己事业的功成名就、志满意酬，而是从为使用者的舒适愉悦所作出的贡献中获得鼓励与安慰。然而，这些人类需求的满足并不是景观功能的全部内容，它仅仅是一个开始。

自然化景观空间的建立，利用自然要素，组织自然中的景观路径，并最终塑造自然化的感知场所。当人们重回自然的怀抱之时，景观功能从最基本的休闲娱乐、改善环境的需求上升为精神层面的共鸣。这种共鸣将反作用于整个区域的发展，乃至整个社会的价值重塑，这才是景观设计的最终意义。

自然无处不在，无时不被感知。园林景观师的职责是改造自然空间以适应人

---

① Schafer，Robert. The Scandinavian Landscape Architect Sven Ingvar Andersson turns 80[J]. Topos，2007（59）.

类对自然的索求，生活、娱乐、观赏、休憩……设计师所创造的自然化空间是对自然环境的强化，以一种令使用者身心感动的方式展现人与自然固有的、原始的共生状态。遵循自然规律，经营自然要素，创造自然空间，能否会是一座通向人类与自然和谐共存的桥梁?

“经营自然”从景观空间、景观路径、景观要素、景观功能几个方面，探寻把“自然”作为一种景观设计要素和设计手段的方式，并利用这种方式最终实现自然化景观空间对社会的反作用力。

第2章 景观空间·从“此空间”到“无空间”

2.1 “云”空间

这里的“云”空间与互联网无关。云是景观空间中的自然要素之一，它变幻莫测，易被影响又难于把控。风吹云散，阴云密布，白云朵朵，浮云漫漫……云的形态影响着天空的色彩与质感，也为景观空间撑起了美妙的布景。

水晶大厦广场(Crystal Plaza)位于哥本哈根老城区与新港口区域的交界处，在空间扩张的城市发展进程中，这一区域具有重要的历史意义。随着老城区土地开发逐渐地趋于饱和状态，沿着城市半岛的延长线开始了新的城市建设。广场濒临哥本哈根的中心河流“新港运河”，所处区域是延长线的起点。在广场周边竖立着众多的标志性建筑物，包括政府机构、办公机构及酒店等。丹麦金融机构 Nykredit 的办公楼是其中之一，广场附属于这座外形酷似水晶钻石的建筑，建成于 2011 年，面积约 5500 平方米。这座标新立异的建筑通体晶莹剔透，玻璃材质的立面与斜切的底面减弱了建筑巨大的体量感，也强化了建筑与广场的和谐关系。

作为城市重要的公共活动空间，水晶大厦广场不仅是与主体建筑紧密结合的室外空间，也是整合周边城市区域的核心。特殊的地理位置以及复杂的周边环境赋予了广场多重的身份与职责，也衍生了广场灵活多变的空间特征与丰富多样的感知体验。

三种空间的变换

圆形镜面水池、线状喷泉和灯光装置是园林景观设计师在水晶大厦广场上注入的主要景观要素，它们构成了灵活多变的空间特征。以圆形水池为中心，喷泉未开启时，灯光等待着夜晚的降临，此刻的广场空间被完全打开，瞬间扩张辐射，以一种极强的包容性整合着周边现代风格的建筑与多样的城市景观。 空间作为一个统一体消融在城市之中，成为城市图底关系倒转后的核心之一 (图 2–1)。

喷泉装置在地面形成的铺装变化暗示了另一种可能的空间边界的存在。当喷泉打开的时候，一组柱状的喷头组合成线状的水栅栏，约 80 厘米的高度形成了身体的阻隔和视线的连通。喷泉水栅栏虽是一种强硬的空间分隔，但亲近的空间质感丰富了广场的自然体验，它的出现将原本扩张开来的空间又收缩于这一汪温润的玉壶天地之间，并以人为的方式控制景观要素，借以组合出不同尺度的变化空间和不同感受的场所氛围。此刻的广场是水晶大厦舒适的室外空间，是城市之中亲密的活动空间（图 2-2、图 2-3）。

在北欧这样一个拥有极端气候的地理区域内，夜晚常常是人们活动的重要时间段，这时，灯光是夜晚景观空间的主角。在水晶大厦广场上，细节消失在夜晚的黑暗之中，灯光取代了铺装与喷泉装置的细微变化。当圆形水池的边缘被灯光打亮，并在不同的绿色色系之间变换时，广场空间的中心再次被强化，空间聚合感首次被加强。紧接着，广场投影灯投射出温暖的条纹状圆形轮廓灯影，勾勒出一个个清晰的、稳定的空间边界，空间聚合感第二次被加强，形成了充满安全感的广场空间体验。在夜晚，水晶大厦主体建筑通体透亮，底部的射灯将建筑衬托得更加轻盈，仿佛漂浮在广场上，白天巨大的建筑体量转变为了夜晚广场的景观要素，与投影灯、水池灯共同构成了美妙的广场夜景（图 2-4、图 2-5）。

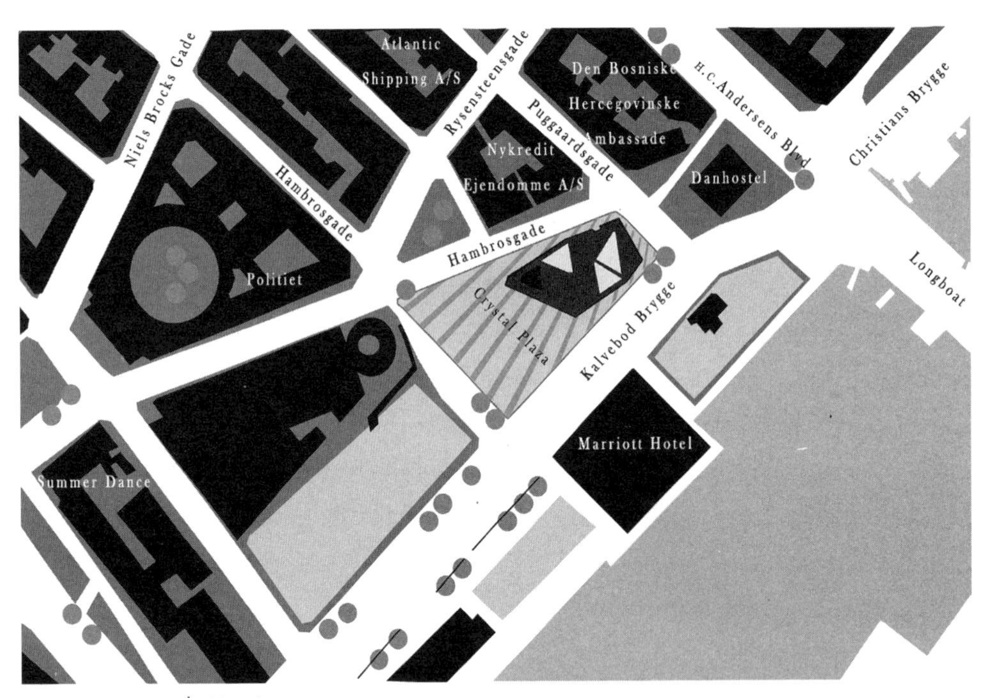

图 2-1　广场周边环境示意图

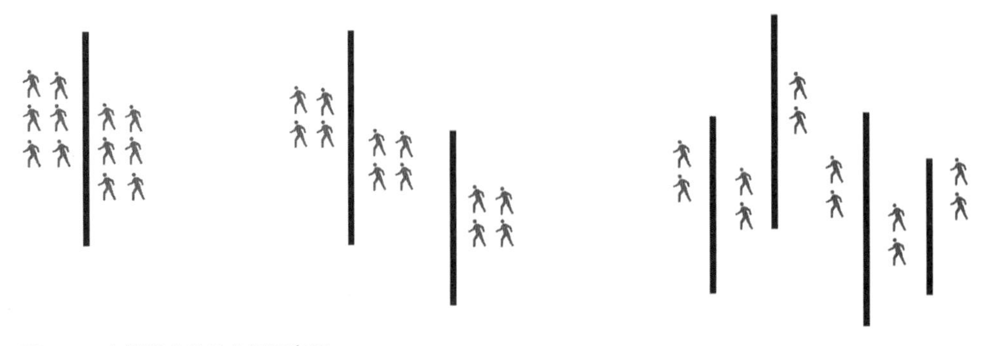

图 2-2　水栅栏变化的空间示意图

图 2–3 雨后安静的广场空间，喷泉池箅的空间暗示与分割

图 2–4　条纹状的灯影

图 2–5　三种空间的叠合示意图

当没有水栅栏喷泉时，广场空间作为“连接体”消融在了城市之中；当喷泉涌射而出时，广场空间以一种亲密的尺度和湿润的质感融合在了人们的场所感知之中；与前两种空间不同，夜晚的广场是独具个性的空间，以强烈的标识性来塑造某个季节漫长夜晚的城市安全感与认知感。

多重元素叠合的无限性

“云”空间打破了景观线性演进的场景变化。

水晶大厦广场的整个景观空间中，光、影、风、水、云、石材、金属，包括建筑立面的玻璃、底面的钛锌板，这些多重的元素聚集在一起，组合出了无穷无尽的变幻场景。每一种元素都是富有生命力的变化体，既包含着随自然的演替幻化出的多样自然景观，就像四季更替，阴晴风雨，昼夜变换；又包含着这些自然要素附着的载体，它们因自然之力变幻莫测，记载历史的进程。

水晶大厦广场中的这些元素因自然的力量而被赋予了鲜活的生命力。自然的演进推移，生命的繁衍更替，都遵循着固定的规律与定势。而打破这种线性演进的关键因素是每种元素的叠合。风与水，水与云，石材与光，金属与水，影与石材……每一种叠合或每几种聚集都幻化出广场美妙的自然景观，这是一种综合的体验过程，赋予使用者感观的享受。

因生命而循序渐进，因组合而无穷无尽，这就是“云”空间的真正意义。

风与云的空间鸣奏

亚历山大在《建筑的永恒之道》中提到，“事件模式”是不能够同它们所发生的空间分割开来的。事件作为空间的激发器，是空间存在的基础，也是空间活力的源泉。事件的主体是人，他们既可以作为参与者也可以作为体验者。在自然化的景观空间中，他们是观赏者和感知者。然而，“这些产生了地方特征的事件模式,并不一定非是人的事件。”[①]傍晚凉爽的微风,清澈的深蓝天空,深灰色的云,漫射的阳光……在丹麦，一年之中只有三分之一的日照时间，天气变化丰富而迅速，人们对气候的体验有高度的敏感性。在水晶大厦广场的设计中，这一地域性气候特征通过自然化空间的处理被凸显强化，借以增加空间的场所魅力。在喷泉被关掉的广场上，平静的气息使自然的体验变得细腻温润。微风吹过水池，水面不同的水波形态塑造出了一幅幅天空与城市的画卷。画中的内容是沉思或嬉笑的居民，是白云与蓝天的追逐，是办公楼里的忙碌身影，是绿树、草地、车辆……雨后的广场被水浸润，砂岩铺装增加了深色的水痕，冲刷后的纹理更显清晰，圆形水池倒映着灰暗的天空，仿佛消失在了广场铺装之中，多雨的天气赋予了人们另一种自然化的空间体验。

---

① C. 亚历山大 . 建筑的永恒之道 [M]. 赵冰译 . 北京：知识产权出版社，2002.

2.2 形式转换·风之色彩

景观空间中形式的意义在哪？形式能够影响什么？形式对于功能、体验、视觉画面的决定性作用是什么？设计师总在探寻着形式之外的某种思考，但又摆脱不了形式的基本存在状态。于是，一条借由形式通往自然化空间的通道慢慢打开。

形式——视觉动力

在景观空间中，形式是视觉画面的基本元素。从各个角度观赏景观空间，它是一个静止存在的画面，它由整体形式而展现，并指导整体形式的生成。这是一个反复发生的过程，而不是整体与部分的组合。

夏洛特花园（Charlotte Garden）的平面构图与让·阿普（Jean Arp）的艺术创作有着异曲同工之妙。阿普追求线条的明确与形状的原始纯真，他把艺术比作应产生于人的硕果，就像其他果实产生于树一样。于是，一种“植物的柔软”便毫无模仿、自然而然地在其大部分作品中结晶，其理想在于将有机形状的完美融入自然的简练。夏洛特花园具有的形式美感就像一件艺术品，总是会给人无尽的想象空间。

然而，另一个可能更多影响到夏洛特花园艺术化构图形式的艺术流派是成立于1948年的著名表现主义画家团体“眼镜蛇画派”（CoBrA）[①]。其创作风格率真、自然、反形式规范，具有强烈的表现主义色彩。“眼镜蛇画派”的画家们最具冲击力的共性是亮丽的色彩，颜料的芬芳，自由、多变的记号及形象中丰富的内涵。保罗·克利（Paul Klee）[②]曾经说过：“艺术不是再现看得见的东西，而是使东西看得见。”这正是“眼镜蛇画派”的重要思想依据之一。在夏洛特花园，形式强烈的表现主义手法是通过植物的运用来实现的，随着自然演进变化——植物在四季变化、天气变化中展现的不同色彩与质感，塑造出具有自然生命力的艺术之作。如果说景观形式是受到艺术风格的影响与启发，那么景观空间中的自然力量也同时渗入着所有的艺术创作。“眼镜蛇画派”强调原始的绘画以及大众文化的来源，任何东西都可以被艺术同化，反对形式主义的绘画创作。他们发扬绘画的自发性与自然性，因此“顺应自然”是“眼镜蛇画派”的一贯理念。

---

① “眼镜蛇画派”的主要代表人物是荷兰的卡尔·阿佩尔（Karel Appel）、康斯坦特（Constant）、科奈尔（Corneille），丹麦的阿斯葛·琼（Asger Jorn），比利时的乔瑟夫·诺瑞特（Joseph Notret）、克里斯汀·杜特蒙（Christian Dotrement）。画派的名称取自主要成员的家乡，三个欧洲北部城市——丹麦首都哥本哈根（Copenhagen）、比利时首都布鲁塞尔（Brussels）、荷兰首都阿姆斯特丹（Amsterdam）的首字母，“COBRA”，即“眼镜蛇”的意思。

② 保罗·克利（Paul Klee 1879~1940年），出生于瑞士，著名的画家，最富诗意的造型大师，画作多以油画、版画、水彩画为主。

夏洛特花园平面构图的艺术美感和形式强烈的表现力，为周边高层住宅建筑的观望提供了很好的视觉画面，这样的平面形式也为三维空间中人视点的感知带来了柔和的、连贯的、流畅的形式体验（图 2–6~ 图 2–8）。

形式因视觉而首先存在意义。

图 2–6　阿普的艺术作品

图 2–7　夏洛特花园平面图

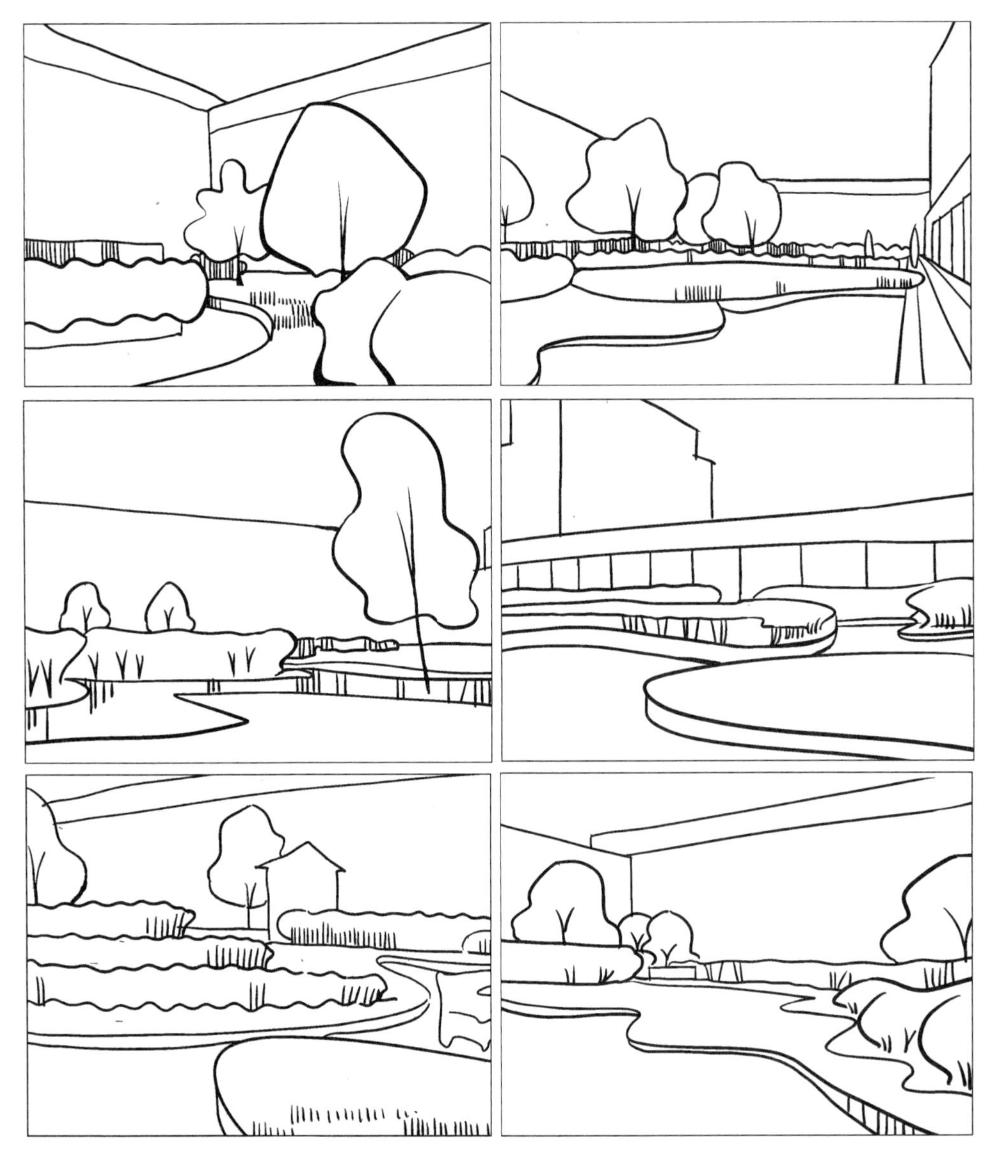

图 2-8　各个视点画面的形式提炼

形式——功能需求

夏洛特花园位于 østerbro 住宅区，是一处由 200 个居住单元和 1 个服务中心组成的住宅建筑群围合而成的庭园，空间私密性与封闭性较强，是一处居民聊天聚会、休息散步的舒适场所。优美的自然形曲线打破了建筑围合的僵硬空间，平面的曲线构图转换为景观空间的功能场所，流畅地引导人们的行为。内凹的形式形成了放置桌椅座椅的小空间，外凸的形式是儿童活动的热闹场地。由不同植物品种组合而成的图案形式为居民带来了四季变换的色彩感观体验，满足了观赏的功能需求（图 2-9~ 图 2-11）。

形式因功能而再次具有内涵。

图 2–9　安静休息的座椅空间

图 2–10　花园儿童活动场地

图 2-11　植物丰富的图案感

形式——路径变换

因为有了形式，景观空间中的路径有所依托；因为路径的体验需求，所以形式的最终表象得以优化。这一相互推演的设计过程决定了形式与路径之间密不可分的关联性。夏洛特花园以优美的曲线形式在地面上划出路径与空间的布局，将二维的图像转变为了三维的动态体验。路径的丰富感受来自于视线的隐与现，以及画面的收与放。花园萦绕的形式恰恰为这样的视线变化和连续画面提供了最适宜的、不留痕迹的基质。在这样的基质上面，通过组织植物高低错落的变化来改变路径的空间体验；同时，借助路径的动态特征将花园的每个小空间贯穿起来，整合为一体（图 2–12）。

形式因路径而最终获得活力。

形式的升华

形式若为舞台，风与植物便是当仁不让的主角表演者。

夏洛特花园充满艺术化的形式感很大一部分来自于植物的精心搭配，草甸草（meadow grass）、蓝羊茅（festuca glauca）、天蓝沼湿草（molina caerulea）等草种不同的色彩、质感、高度不仅构成了从花园周边公寓望向窗外的视觉延伸画面，也描述了持续变化的三维体验空间。

色彩的变化是一个动态的过程，在斯堪的纳维亚地区，花园创造了春夏秋冬四季的色彩体验，为居民带来了惊喜和期待。从夏季的蓝绿色到冬季的金黄色，花园打造了变换的画面感和体验感。

色彩是直观的视觉感受，质感是触碰的身体感知。夏洛特花园中的小路宽度 1~2 米不等，路边茂密的草本植物高度在 0.3~1.2 米之间，道路与植物形成的空间比例关系在 1 ∶ 0.15~1 ∶ 1.2 之间变化。当植物的围合感增强的时候，植物表面质感成为空间体验的主角。从几种不同的草种植物形态分析，能够看到细腻的变化为这样一处安静的庭园空间提供了从微观世界感知自然的途径（图 2–13）。

当你伸出双手触摸空间中舞动的质感时，同步上映的是另一个微观世界的盛宴——听觉的享受。这是一曲风的乐章，在夏洛特花园四面围合的空间中，微风拂动植物的叶梢，创造出微观自然界的美妙体验。风速与植物姿态在某种动势上达到契合的状态，乐章由此产生（图 2–14）。

夏洛特花园上演的是一场自然的演奏会，对自然元素深入、细致的运用赋予了花园感性的情感体验。植物是音符，风是谱曲者，当抛开一切视觉体验时，自然的力量在景观空间中变得异常强大。它与这里的空间形态、功能定位和场所精神相契合。

形式消失，空间消失，身体融入自然的瞬间幻化为心灵的感知。

图 2-12　弯曲小径的舒适体验，植物视线的遮与挡

图 2-13　观赏草植物形态图示对比

图 2–14　夏洛特花园 · 风之舞台

2.3　一种香气的思考

哥伦比亚花园（Columbine Garden）为我们提供了另一种景观空间的体验途径，与自然有关。循着这个途径，思考源于自然要素的自然化景观空间的建构。

哥伦比亚花园位于哥本哈根市区最受欢迎的游乐园——蒂沃利公园（Tivoli Gardens）的中心区域，是典型的园中园，安静的氛围与周边游乐园的喧嚣形成强烈对比。花园建于 2001 年蒂沃利剧院成立 150 周年之际，为纪念哥伦比亚即兴喜剧人物而命名为"哥伦比亚花园"。花园位于Pantomine剧院安静的角落地带，提供了一处慢节奏、精致小巧的空间，里面充满了香气、灯光、水雾与色彩。黄水仙、白百合、大丽花、日本银莲花在整个夏季交替盛开着白色的花朵。秋日里白蜡树金黄一片，形成了花园遮风纳凉的宜人环境。冬日里，红豆杉树篱深绿的色彩强化出与红色塑胶小径的颜色对比。小径柔软的质感让脚步安静下来，花园外铺装的碎石沙沙作响，仿佛被隔离在了另一个世界，这里是梦幻的庇护所。白色半透明的草坪灯灯柱在白天吸收了炙热的阳光能量，到了夜晚，利用储存的光能散发着温馨的光芒，将花园的昼夜相连。整个花园都在一片浪漫与芬芳的场景之中，飘散的淡淡香气，塑造着最适宜的感观空间。

芦原义信在《外部空间设计》一书中这样定义空间："空间基本上是由一个物体同感觉它的人之间产生的相互关系所形成的。"[①]空间因人的感知而具有意义。而自然化景观空间存在的价值则在于人的感知突破了实体，更接近于一种"无名特质"。与 C・亚历山大的"无名特质"[②]不同的是，它是无形、无体、无色的自然存在；相同的是，两者都是以人为中心，他们或是参与主体，或是观赏主体，特质本身的产生就是人们活动释放的能量。

在哥伦比亚花园中，这样的"无名特质"产生于香气，香气源于植物的种植。种植在草坪灯旁的百合花盛开着白色的花朵，纯净而整齐，散发着淡淡的清香；日本银莲花细碎的枝叶和含苞待放的花朵形成了另一种白色的质感，在夏季的不同时间里，与百合花交替开放，香气迷人。

花园持久的淡淡芬芳传送给人，再转化为生理上的本能捕获，进而上升为精神的愉悦——安宁、平和的另一个精神世界。香味是自然界的一种再普通不过的要素，植物的香，泥土的香，雨露的香……它们带给人们对自然的认知与享受。只是这样一种自然要素被设计师作为设计手段重新组织于自然化景观空间之中，使空间变得更具有实用意义和感知价值。对于使用者，重新建构的自然空间成为一个梦想的场所；对于自然本身，全新的经营方式并没有打破原有的规律，反而

---

① 芦原义信 . 外部空间设计 [M]. 尹培桐译 . 北京：中国建筑工业出版社，1985.

② C・亚历山大在《建筑的永恒之道》一书中提到：存在着一个极为重要的特质，它是人、城市、建筑或荒野的生命与精神的根本准则。这种特质客观明确，但无法命名。

让自然空间因人的感知而重获新生（图 2-15）。

这样一个“双赢”的过程，若从利益获得的角度评价，似乎太过于功利，破坏了彼此之间自然而然发生作用的原初动力。设计本就存在于自然之中，自然本就是设计滋生的土地。

图 2-15　哥伦比亚花园夜景

2.4 孤立空间的公共生活

有一种景观空间，它具有明确的界定，明确到每一个界面的处理都是为了将这一空间与周边独立开来。但它未必是封闭的，甚至可以视野开阔，视线可达，它吸引你进入，又具有强烈的领域感和标志性。它彰显自己，为的是在嘈杂的空间里创造一片宁静的乐土。这样的空间不少，在人们生存的城市里，自然总是显得很稀少，而被改造得僵硬呆板、冷漠而毫无感情的场地却无处不在。人们总是向往着那些融于自然之中的景观空间，就像一个美好的梦想，设计师也在努力地尝试着各种方式实现这个梦想。然而，这些无法改变周边环境的场地如何来设计？空间就在那里，它需要的不是融入，而是凸显，以友好的方式衔接、过渡，进而影响周遭。

积玛士广场（Jarmers Plads）所在地块并不是处在多么恶劣的环境之中的场地，但却是一处很容易被人们遗忘而消失在城市繁忙交通环境之中的空间。积玛士广场建于 1997 年，它的设计并不奢美华丽，相反却简洁低调，但是展现出了强烈的空间感和存在感。

广场位于哥本哈根城区，北侧是房产银行 Realkredit 在丹麦的总部大厦，东侧紧邻奥斯特德斯公园（Orsteds Park），南侧和西侧是繁忙的城市道路。广场分为两个部分：东北角附属于总部大厦的下沉庭园，以及向城市开放的公共广场（图 2–16）。

广场的整体设计风格简洁、硬朗，规则、方整的设计语言明确统一，每一处细节及包括与周边场地的衔接都很直接纯粹。从整体布局上，广场中心的椴树树阵被修剪得整齐划一，几何形的绿块充满了体积感，仿佛建筑体块的自然化延伸

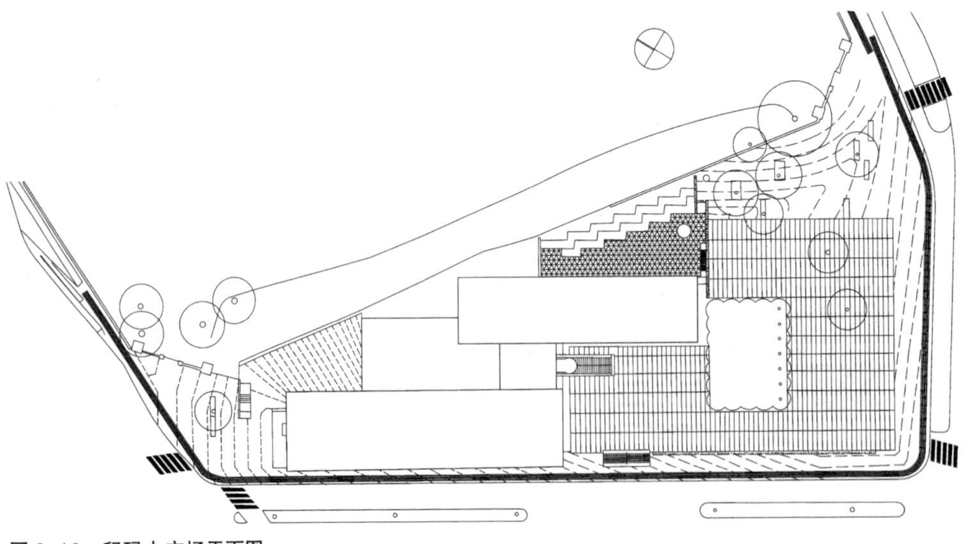

图 2–16 积玛士广场平面图

生长。广场的大面积铺地选择了浅灰色的挪威花岗石，以 340cm × 85cm 的超大规格规则地铺设，加强了广场的整体感，与周边人行道细碎、粗质的小料石形成了极其明显的对比关系。加上花岗石铺地高出人行道约 20cm 的高差，广场的边界清晰明确，但空间便捷可达。踏入广场，具有明显的进入另一个完全不同感知空间的效果（图 2–17、图 2–18）。

边界是空间围合的要素，也是空间与空间交接的要素，边界可以产生各种清晰的、模糊的、引导的、暗示的空间过渡。在积玛士广场的西侧，一段长长的石材矮墙明确地标示了不可进入的空间界限，与城市道路完全地隔离。一个铜铸的金属台阶是上升的广场平台唯一的西侧入口，金属的质感、精致的节点和严格的尺度交接展现了细腻、硬质的工业化色彩。脱离地面的金属台阶与上升的广场仿佛悬浮于地面，原本厚重的材料也变得轻盈了。

台阶北侧的金属栏杆以及建筑入口台阶坡道均以相同的材料形成广场的边界与衔接。现代风格的强烈感知由精致的细节所强化。下沉庭园与广场之间是石材矮墙，明确划分公共活动空间和安静休息空间，矮墙也将庭园隐藏在了路人的视线之外，保证了私密性（图 2–19、图 2–20）。

广场的空间感还依靠更多细部设计的打造。椴树树阵作为广场空间的中心，是一个巨大的绿色体块，通过树阵下方自然质朴的小料石铺地，凸显了其独立的整体性。坐凳与树池主要分布在广场的南侧，平面的尺寸与花岗石铺装材料的大小一致，并按照相同的几何关系散布，形成林荫与坐凳的舒适休息空间，同时保留了广场严谨的矩形分割关系。花岗石坐凳的一端是铜制金属格栅灯箱，材料与树池箅子、栏杆和金属台阶一致，保持了统一简洁的风格。在时间的洗礼下，金属材料散发着古铜色与绿色铜锈的自然光泽，与浅灰的花岗石铺装对比呼应（图 2–21~ 图 2–23）。

夜晚，椴树树阵下散布的铜制草坪灯照亮了绿色的体块，长条形坐凳的一端散发出温暖的光芒，照亮了夜晚的广场。西侧金属台阶和矮墙通过隐藏在内侧边缘的灯光照明，强化了漂浮的感觉，台阶仿佛一件雕塑作品，细节与工艺感清晰地展现出来。灯光设计与广场设计融为一体，继续打造着一处独特的孤立空间。它属于城市，又似乎“格格不入”。

积玛士广场就像一个没有墙体的房间，边界明确，空间清晰。整个广场的形式规则，风格简洁，以严谨的、几何的构图感彰显了城市中孤立景观空间的魅力。然而，自然化的景观空间与形式无关，与要素无关，它是对自然界的改造设计，以满足人们户外活动的需求与对公共生活的向往。积玛士广场是独立的，又是融入的，它的内部活动属于城市，属于人们公共生活的一部分。

广场以“此空间”的风格形式彰显于城市之中，却又以“无空间”的事件活动消融于生活之间。它影响着周边区域，为一片毫无特征的城市中心带来了标志感，并赋予了公共的魅力。

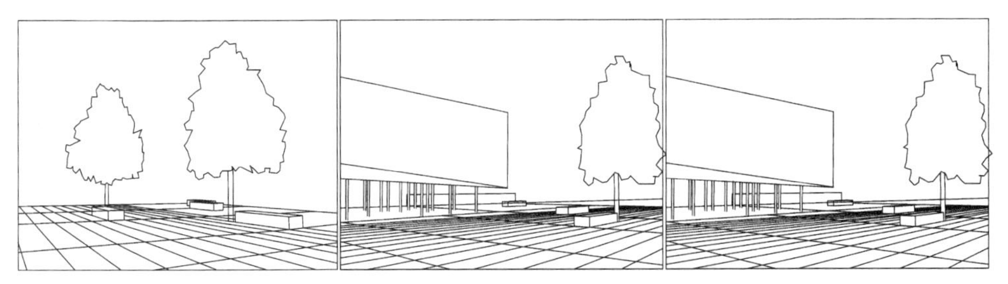

图 2–17　广场形式的几何关系示意图

图 2–18　广场与城市

图 2–19　广场金属台阶

图 2-20　下沉庭园

图 2-21　广场南部树池与坐凳

图 2–22　椴树树阵

图 2–23　广场树池与坐凳的严格比例关系

2.5 自然居所·花园城市

圣经《旧约·创世纪》记载:"上帝在东方的伊甸,为亚当和夏娃造了一个乐园。那里地上撒满金子、珍珠、红玛瑙，各种树木从地里长出来，开满各种奇花异卉，非常好看；树上的果子还可以作为食物。园子当中还有生命树和分别善恶树。还有河水在园中淙淙流淌，滋润大地。"

《古兰经》中描述天园情景的经文很多,文字生动,令人神往。"那里环境优美、恬静，滨临清泉，诸河交汇，有长年不断的'漫漫的树荫'、'泛泛的流水'和采摘不绝的'丰富的水果'；有质纯不腐的水河、味美不变的乳河、饮者称快的酒河和质地纯洁的蜜河，气候宜人，'不觉炎热，也不觉严寒'。"

佛教的净土宗宣扬众生修成正果之后可前往西天的极乐世界。极乐国土中，有"七重栏楯、七重罗网、七重行树，皆是四宝周匝围绕，又有七宝池，八功德水充满其中，池底纯以金沙布地。四边阶道，金、银、琉璃、颇梨合成。上有楼阁，亦以金、银、琉璃、玻璃、砗磲、赤珠、玛瑙而严饰之。池中莲花，大如车轮，青色青光，黄色黄光，赤色赤光，白色白光，微妙香洁"。

对自然的向往就如同对美的追逐一样，人们总是期盼着在自然和谐的美景之中生活、娱乐。在科学技术飞速发展的现代社会，城市中自然化居住空间的建立开始踏上征程。这些自然化的空间渗入城市，点滴扩散。那么，从区域的尺度，自然能否消融城市？消解人们居住的空间？瑞典马尔默市（Malmo）西港 BO01 住宅示范区和哈默比湖城（Hammarby Sjöstad）为我们提供了可能的答案。

2001 年马尔默举办了一次以可持续发展为主题的住宅展览，同期启动了 BO01 住宅示范区的建设项目，第一期于 2005 年秋季竣工。BO01 住宅示范区所处的马尔默西港曾经是废弃的工业码头，占地约 160 公顷。随着住宅示范区的建设，这片昔日的工业废弃地逐渐被包含居住、服务设施、教育设施的新型城市所取代。其中，最具有代表性的 BO01 住宅示范区占地约 30 公顷，经改造成为了可容纳 1000 户居民的综合居住区。在建设初期，景观规划设计就开始介入，并发挥重要作用。如何恢复废弃地受污染的土壤质量，如何最大程度利用可再生能源，并最低程度影响自然的演变进程？景观规划设计整合并解决了诸多的矛盾，从自然出发，最终创造了 BO01 住宅示范区可持续发展的优美环境。

以水系为核心的绿地系统结构

BO01 住宅示范区的整体结构规划沿袭了瑞典传统的低密度、紧凑、私密、高效的用地原则，形成了类似中世纪城镇街区格局的慢行街道系统。它们因海风的方向而具有不同的角度，相互交织叠合而成丰富的开放空间格局，既可以避免海风的侵扰，又可以围合出生动多变的邻里空间。

水系是住宅区开放空间的主体，以集水池、瀑布、湿地、溪流等形式穿越整个区域，最终分别汇入北侧的大海和南侧的人工休闲码头，以此保证了每栋建筑物均直接与水系接触，创造最舒适的自然化居住空间。绿地系统结构的中心是一条南北向的水系轴线，南侧直接与厄勒海峡公园（Oresund Park）相连，北侧是著名的丹麦公园（Denmark park）。水系穿过丹麦公园，直接汇入无尽的海洋。这条水系轴线控制着住宅区绿地的整体结构，在水系两侧分布着住宅建筑围合的庭院，以及集中的社区公园，共同构成了绿地开放空间的整体骨架（图 2-24）。

以水系为主体的连续开放空间系统不仅在住宅区内部创造了和谐统一的绿地景观，同时也联系了住宅区外部的空间体系。绿地系统向南连接了马尔默两大市级公园——城堡公园（Castle Park）和国王公园（Kings Park），水系最终与马尔默老城区护城河连接在了一起，形成城市环形的水体系统和连续的开放空间格局。

多样化的绿地空间格局

开放性城市公共活动空间——滨海码头

滨海码头由滨海散步道和丹尼尔公园（Dania Park）共同组成，是大海与居住区之间重要的公共活动区域。码头由三个平行于大海的空间层次组成——滨海木平台、绿地草坪和半私密的小花园，花园与住宅之间是穿越滨海码头的步行街道，以花池和观赏草形成了公共活动空间与住宅的隔离。

滨海散步道长达 220 米，间隔设置的木平台为人们提供了近距离接触大海的场所，设计以简洁、质朴的语言突出了海洋瞬息万变的自然景象。丹尼尔公园以大尺度的开阔空间展现了厄勒海峡壮阔的海岸线景观，与高密度的小尺度私密花园形成对比。滨海码头中不同尺度的特质景观为人们提供了多种类型的功能空间（图 2-25、图 2-26）。

自然化社区花园——铁锚公园

铁锚公园（Anchor Park）是住宅区内重要的自然化空间，这里提供了中等尺度的休憩、散步空间。蜿蜒的水岸线提供了步行使用者变化的观察视角，也使空间路径充满趣味性。这里分布着四个与瑞典典型生物群落相对应的区域——赤杨沼泽、山毛榉树林、橡树林、柳树林，它们各自形成一个微型的生物群落，自生自灭，繁衍生息，展现着大自然演变更替的过程。公园良好的生态环境也是各种螃蟹、蚌类、海藻等动植物生存的场地。自然化的生态主题花园使铁锚公园成为了住宅区认知自然的科普教育基地。

半私密性院落空间——邻里花园

邻里花园是住宅区内最小尺度的绿地空间，类型多样，或临水而建，或院落围合，或位于建筑前院。花园均以水为主题，形成宜人舒适的生态环境。屋面和步行区未受到污染的雨水通过管道排至邻里花园中的池塘、种植区等，形成了无

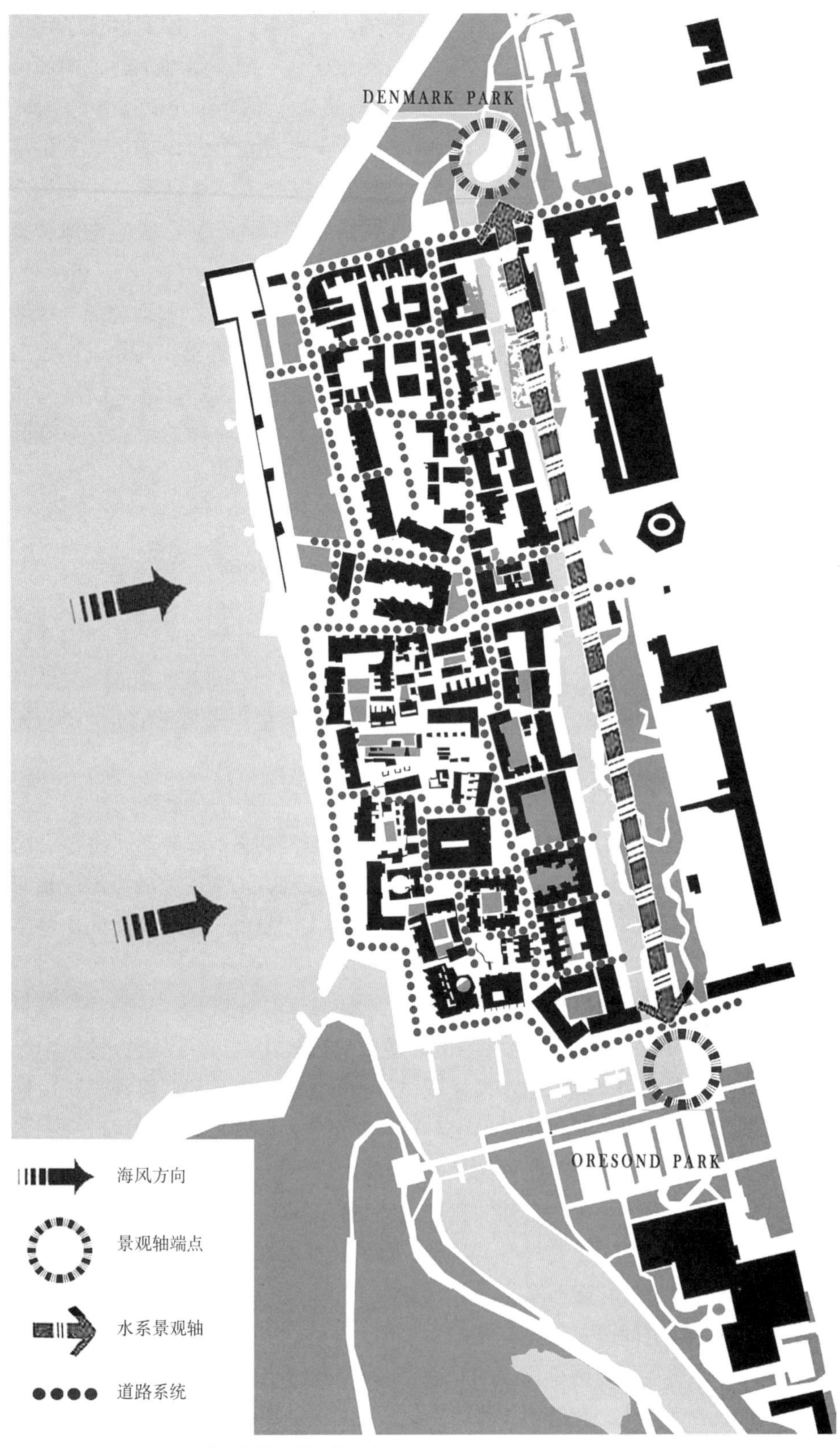

图 2-24　BO01 住宅示范区整体规划结构示意图

图 2–25　滨海散步道及平台，植物围合的休息花园

图 2–26　丹尼尔公园开阔的草坪空间

处不在的多样化水景——溪流、小瀑布、湿地、水渠等。邻里花园也为整个住宅示范区的水系管理提供了重要场地。

每一个邻里花园中都没有花哨而不实用的设计元素，因水自然成景的花园，空间质朴简洁，充满野趣。

生态化的景观技术

屋顶绿化是 BO01 住宅示范区的重要景观技术，主要功能是调节降水。由于马尔默邻近海洋，年降水量较大，屋顶绿化可将 60% 的年降水通过蒸发再参与到大气水循环中，其余的水经过植被吸收后再进入雨水收集系统，同时，达到对屋面保温隔热的作用。另外，住宅区景观设计通过采用透水材料和滞水材料，以及湿地、池塘等最大程度地收集雨水。

保护场地现有物种是 BO01 住宅区在建设初期就纳入日程的主要内容。虽然场地现状土壤污染严重，但通过当地环保与科研机构的地毯式物种搜索，仍妥善保护和移植了当地原有的物种。在保护的基础上，景观规划设计又通过营建生态岛、生物栖息地等方式，如滨河湿地生境、藻类生物栖息地等，为物种的繁衍生存提供场所，充分地保护了场地的生物多样性。

马尔默 BO01 住宅示范区充分地展现了景观规划设计在城市规划中重要的意义，它是绿色居住空间得以实现的重要手段，也是自然环境消解城市空间的有效途径。

另一个花园之城的建设

哈默比湖城是瑞典另一个居于世界领先地位的自然生态城市建设的典范，位于斯德哥尔摩（Stockholm）中心城区以南，总面积约 200 公顷，可容纳两万人在此居住，还可以吸引一万人在这里工作。整个新城计划将于 2015 年全部建成。[①]

哈默比湖城虽然位于斯德哥尔摩老城区的外围，但在城市空间形态的规划上并没有采用既有的郊区模式，而是延续了老城区的街区传统格局。与 BO01 住宅示范区相似，哈默比湖城在绿地开放空间规划上以水为核心，打造开放、轻松的现代城市绿地景观。街区与绿地的结合，最终形成了一种半开放式的城市格局——紧凑密集的传统城区结构与稀疏开敞的现代绿色空间的复合。

整个湖城围绕着开阔的哈默比湖层层展开。在越靠近湖岸的区域，建筑的高度和密度越低，以保证湖城内部空间与水系的贯通。在内部，以传统格网模式布局的城市街区形成了单元式的院落花园以及建筑群之间的住宅花园。这些景观空间的规划充分利用了水系景观的视觉廊道作用，整合了集中与分散式的绿地布局，在街区之间创造了丰富多样的阳光水岸环境，自然化的水景渗透进了每一栋建筑

① 张彤．绿色北欧：可持续发展的城市与建筑 [M]. 南京：东南大学出版社，2009.

和每一个住户（图 2–27、图 2–28）。

哈默比湖城整体规划结构与老城的城市肌理紧密联系，同时又展现了开敞与简洁的现代城市特质。新城的建设充分地利用了周边山环水绕的自然环境优势，以街道、街区舒适的尺度关系，建筑高度、密度恰当的比例关系，与开放空间中的湖面景观完美地融于一体，实现了在自然中居住的美好梦想。

进入 21 世纪以后，瑞典的两大城市马尔默和斯德哥尔摩进行了大规模的生态城区建设，在可持续自然化城市建设方面走在了世界的前列。瑞典对于环境问题的关注起始于 20 世纪上半叶的自然保护运动。在 2002 年，约翰内斯堡全球峰会和欧盟可持续发展策略基础上，瑞典政府颁布了“瑞典可持续经济、社会和环境发展策略”。2003 年，瑞典成为第一个通过环境相关的议案以直接应对约翰内斯堡行动计划的国家。在国家政府的执行操作之下，一个个可持续发展的自然城区开始实验性地建设起来，其共同的目标是创造美好的居住环境和幸福的家园。

1930 年，北欧著名的园林景观师布兰德特（Gudmund Nyeland Brandt，1878—1945 年）提出了对未来花园的思考：“未来，人们将生活在两类花园之中——钢筋混凝土构筑的灰色花园和树木花卉构筑的自然花园。其中自然花园的影响若要超过灰色花园，就需要尽可能多的绿色，同时花园要简洁、低成本建造与维护”。①

80 多年前的预见，在北欧今天的城市建设中被履行和延续着。对自然居住空间的追求没有地域的差别，它是人类共同的梦想，期待着在一片愉悦的空间里，与自然共舞。北欧国家先行的自然社区建设，给我们的启示不仅是细节的设计、生态的技术、规划的结构和总体的策略等专业性经验，更重要的是对自然的态度与执着的决心。

马尔默 BO01 住宅示范区与哈默比湖城的建设，探索的是一种“前卫”的生活居住方式，这种前卫并不是表现在形式上的表面功夫，更不是人类生活更美好的空谈噱头。从更宏大的自然观思考，人类的居所空间就是点缀在自然中的一个个单元，它们与自然环境的和谐共处，将形成更大尺度的自然化城市空间，进而促进整个自然界的良性循环与运转。这恰恰就是地域性景观设计对空间处理的精髓所在。空间本就无界限，边界总是在“扩展的影响中”被打破。地域性景观设计正是建立在这样的扩展逻辑基础之上，而终点就在一望无际的地平线，消解于自然。

① G.N.BRANDT. Translation from the German by Claire Jordan，The Garden of the Future[J]. Wasmuths Monatshefte für Baukunst und St dtebau，1930（04）.

图 2-27　哈默比湖城水岸景观

图 2-28　渗透的自然景观

2.6 消失的建筑

芬兰赫尔辛基岩石教堂（Temppeliaukio Church）位于市中心的坦佩利岩石广场上，又被称为“坦佩利奥基奥教堂”。教堂于 1969 年建造完成，由著名建筑师提莫·索马连尼（Timo Suomalainen）和杜莫·索马连尼兄弟（Tuomo Suomalainen）设计。在第二次世界大战之前，政府就已酝酿在坦佩利岩石广场上建造一座教堂。今天，在教堂内部的岩石墙壁上依然挂着一幅最早设计的教堂效果图，因 1939 年 11 月 30 日的芬兰冬季战争（The Winter War）而未能实施。在 1961 年的教堂设计竞赛招标中，索马连尼兄弟的方案一举胜出，并于 1968 年 2 月 14 日开始施工，1969 年 9 月 28 日建成。岩石教堂是路德派教堂，最大的设计特点是从一整块天然岩石中炸穴挖建而成。设计师保存了广场上这块天然的原生岩石，使教堂隐藏在岩石之中，与广场周围的建筑物保持着和谐的关系。

教堂建筑往往是欧洲城市广场的核心，城市景观中的标志物。它的神圣来源于至高无上的宗教地位，无论是视觉感知上，还是空间位置上，教堂都是不可取代的城市中心。然而，岩石教堂的设计恰恰以一种“隐”的手法，将教堂藏在了一片自然化的岩石之中，这让它在所有的教堂设计中独树一帜，从而吸引了人们强烈的好奇心。教堂每年接待世界各地慕名而来的游客 50 万人以上，也因此被称作“国际礼拜堂”。

视觉的“消隐”

坦佩利广场上的岩石爆破开挖后，教堂室内的标高与周边街道保持在相近的高程上，使其完全隐藏在了岩石之中。从广场的整体景观来看，建筑的出现完全没有改变广场原初的空间结构。岩石广场依然以自然化的地域特征彰显着独特的城市景观，在钢筋混凝土充斥的现代城市中，一处自然栖息的景观实属难得。从广场周边的街道沿着岩石的斜坡可以爬上这块巨大的岩石顶部，在那里可以看到一个直径约 24 米的穹窿拱顶，紧紧贴在岩石的上方，让人们好奇于它在自然化环境中的突然出现，也仿佛彰显着它是岩石必不可少的一个部分（图 2–29）。

教堂的顶也是广场的底，隐空间是对自然的顺应与对话，也是空间存在的积极化表现。隐空间与灰空间不同，它是明确的；隐空间也与消极空间不同，它是可计划的积极存在。芦原义信在 1970 年就提出了有关积极空间与消极空间的定义，并认为自然是无限延伸的离心空间，可视为消极空间。在自然这样的消极空间中，如何来改变或形成积极的空间，这正是景观空间存在的价值所在。而园林景观设计寻找到了一种最恰当的手法，在自然之中建立起积极的、有计划的、有意图的景观空间，借此来满足人们的使用需求。岩石教堂处在一个城市之中的自然空间内部，选择以“消隐”的方式避免了人工与自然的矛盾。从视觉上，隐藏能够很好地保留城市与自然难得的相互融合。从规划上，隐空间对于城市景观规划的设计意义重大。

感知的“升华”

在岩石缝隙之间，混凝土砌筑的教堂大门低调地向着游人敞开。昏暗的入口空间与教堂内部巨大的穹顶洒下的阳光形成了明暗对比。当到达这栋消隐的建筑内部时，仍然保留着强烈的自然感知，它们来源于原初材料的空间质感。

约 13 米高的铜质圆顶由 2 厘米宽、22 千米长的紫铜箍缠绕而成，并通过约 180 根放射状钢筋混凝土斜梁与岩壁相连。巨大的紫铜穹顶增加了教堂的宏伟感，在斜梁之间是供采光的窗户，阳光顺着穹顶的边缘洒落，神圣与静谧之感油然而生。教堂建筑的内壁完全保留了开凿岩石的肌理，未经任何修饰，展现着自然的原始状态。在雨天或融雪的季节，水滴透过岩石从岩缝中渗入，并顺着岩壁流入地下排水槽，微妙的自然音响增加了自然的感知体验。支撑穹顶的岩石墙体是用炸碎的岩石堆砌而成的。岩壁下部是高约 5~9 米的原生红色花岗岩，其中夹着一些黑云母富集形成的暗色条纹。从下到上，在与穹顶交接的地方，墙体肌理由自然的凹凸质感变得整齐细腻，与斜梁、窗户紧密的排布形成对接（图 2-30）。

在教堂的中心是一个圣坛，旁边是唱诗班演出台和一个盛着圣水的铜盘，用三块石头支撑着。在岩壁的下方还有一个烛台，100 多盏烛光闪烁着微弱的火苗，周围的岩壁已被熏成黑色。整个教堂的内部简洁、朴实，充满了对自然环境的顺应（图 2-31）。

消失的建筑，其价值在于面对城市空间与自然环境的融合时，选择以谦卑的姿态摒弃标志性，消隐本身是与自然最好的结合方式。在被隐藏的空间内，岩石教堂的内部景观依然能够保留原初的、本色的状态，达到内与外的浑然一体。

消失，是建筑空间在自然空间中的嵌入、生长，也是空间感知的升华和空间灵魂的放飞。

图 2-29 教堂外部景观，似一个岩石公园

图 2–30　教堂震撼的穹顶，阳光透过斜梁格栅映出细腻的光影

图 2-31　岩石墙体记载了建筑的历史

第3章　景观路径·景观情节与场景体验

3.1　叠落地形的游戏

我们的话题从“游戏”开始……

这里所说的“游戏”不是一种功能定位或一种行为方式，而是体验的描述。“游戏”让人愉悦、欢乐，开怀大笑，让人放松、自在，全心投入，如游戏一般的感知体验向场所设计提出了挑战。

景观空间之所以吸引人，是因为它有起、承、转、合，前奏、高潮与结尾的序列，有影响人们心情起伏跌宕的空间情节。情节的类型多种多样，你可能为此欢喜、惊讶、感动、沉思……当空间情节与自然环境发生关联，景观空间随即成为一个体验的载体，并通过其内部的各类景观要素来影响体验的过程和感受。

“A PLOT”项目是 SLA 事务所在丹麦哥本哈根 Norrebro 区的阿塞斯腾墓园(Assistens Cemetery)中完成的一个小场地设计。该墓园是一处纪念性场所，也是周边居民的休闲公园。在 Norrebro 城区，公园的数量并不多，墓园是居民野餐、聚会、社交等活动的重要场地。“A PLOT”的设计恰恰反映了这一区域双重的、矛盾的功能混合—— 一个悲伤、沉思与怀念的地方；一个娱乐、放松与享受的地方。在满足功能的同时，景观空间直接作用于使用者感观的是体验的过程。它与功能相对应，是一个放慢脚步沉思的徜徉，也是一个跳跃的格子游戏（图 3-1）。

“体验”是空间情节具有设计意义的载体，它以不同的使用者个体为具体存在得以展现，所以很难去精确地汇总有多少种不同的体验类型，有多少种相异的体验过程。它有完全的个性，就像自然界的每一个物体都会有细微的差别一样。差异总会存在，若想让“体验”变得可控，我们不妨试着从景观细部要素入手。

地形

“A PLOT”项目中，地形变化的最大特点是 10~20 厘米高差叠错的台地，它们嵌入草地，并与之产生紧密的联系。地形的高低叠错强化了场地的存在感，既像是生长于场地之中，又似乎是长期使用的自然化场地“变形”。这种“变形”记录了场地中人的活动过程，也是自然化空间以最合理方式满足人的使用需求的

图 3–1　一片绿色衬托下“A Plot”项目场地

过程。

微小的高差变化塑造了细腻的空间体验。使用者进入场地，高差使脚步放慢，这里不是一处穿越的空间和急行的通道，而是漫步停留的空间。地形结合场地铺装的划分，使每一个叠错的小区域都变成了一个驻足观赏的地方，地形变化创造了细腻的、柔和的领域感和空间感（图 3–2）。

场地的体验也正是来源于这些丰富、细腻的小空间组合。项目由大约 30 个大小不同的单元组成，这些单元以拼、叠、落、错几种不同的地形设计方式刻画了微妙的空间变化，从而使体验变得灵活多样。“拼”——相同的高差满足了平稳的过渡和驻足的观赏；“叠”——地形 10~20 厘米的升高与降低让人放慢脚步，迈向下一个模糊的空间边界；“落”——微缓的斜坡被控制在地形变化的单元模数中，加速了运动的频率，从而使某个单元变成穿越的空间，“落”的方向提供了隐晦的引导性；“错”——不同方向的“落”形成了地形的交错，好似擦肩而过的人们，背对着朝向引导的方向前行（图 3–3）。

地形是一种引导，是某一种体验得以形成的关键所在。或自由欢快地跳跃，或放慢脚步地沉思，都是场地独自的体验过程。

尺度

若从整个墓园的角度定义“A PLOT”，它是一处嵌在草地中的铺装场地，面积仅有 400 平方米左右，是墓园的重要组成部分。它为使用者提供了可停留、休息、观赏、娱乐的场地。然而，“体验”往往产生于人体尺度的感知。“A PLOT”场地中最基本的网格模数尺寸约为 1.2m × 1.2m。《A visual approach to park design》一书中提到：亲昵距离为 6~15 英寸（15cm~40cm）；私交距离为 1.5~4 英尺（0.4m~1.2m）；社交距离为 4~12 英尺（1.2m~3.6m）；公共距离为 12~25 英尺（3.6m~7.5m）。[①] “A PLOT”场地基本单元的尺度恰好是一种舒适的私交与社交尺度空间。这些基本的网格模数又组合成为 30 个尺度和高程各不相同的空间，从而将活动场地转变为社交与公共尺度空间。这些空间的领域感并不强硬，从而使场地变得灵活，使体验变得多样。身处场地之中、场地之外，甚至墓园之外，都会有完全不同的空间认知。它是开阔的，也是私密的，是大的场所，也是小的领域。

另一个人体尺度的控制是地形的高低变化。10 厘米 ~20 厘米是人舒适行走一步台阶高度的两个限定尺寸。高差变化与铺装单元模数相结合，强化每个小空间的边界领域，使场地变得舒适耐用，又使一个简单的铺装平台变得丰富灵动。它符合人体活动尺度的要求，又能够在体验的过程中增加乐趣和未知的惊喜。这样的体验可能会与场地中的一处视觉焦点——雕塑有关。

---

① Albert J. Rutledge，A visual approach to park design[M]. New York：Garland STPM Press，1981.

图 3–2　微小高差的细腻变化，“A PLOT”项目的建造过程

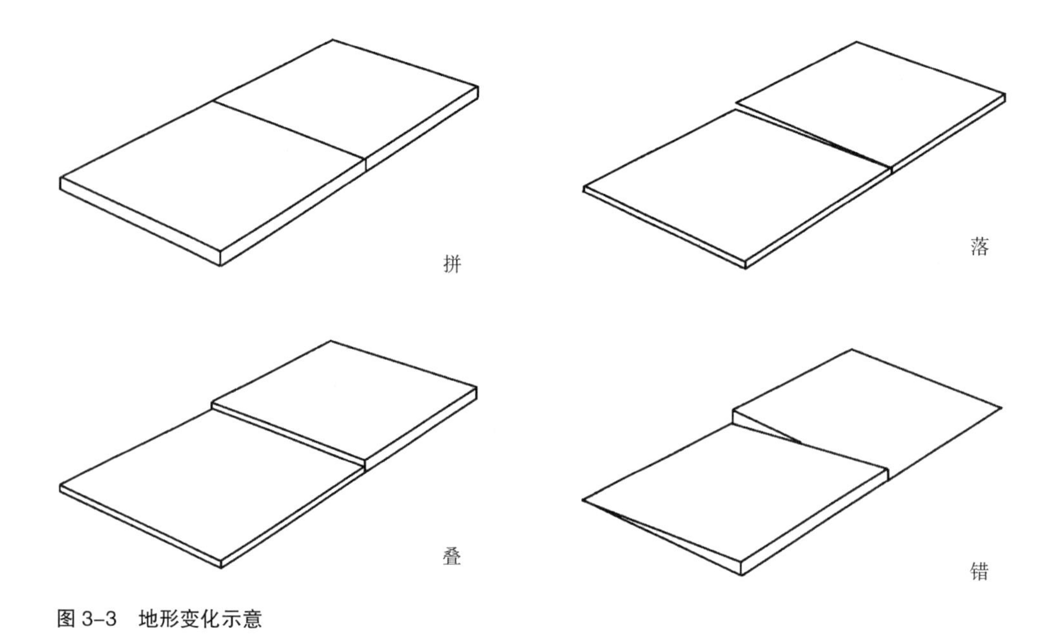

图 3–3　地形变化示意

场地中被称作“Megaron”的雕塑是由丹麦著名雕塑家马腾 • 斯泰尔德（Morten Stræde）设计完成的，他的大多数创作作品中材料都以木材和金属为主。“Megaron”雕塑高约 3.5 米，位于“A PLOT”场地的一角。雕塑在一个完整长方体砂岩体块上的凹凸刻画，与场地的地形变化有相近的设计语言，增加了整个场地的统一感和整体性。然而，雕塑 3.5 米的高度与场地高低错落变化的地形相比，以绝对优势成为垂直空间中的视觉焦点。“A PLOT”可以看做是 SLA 事务所与斯泰尔德在水平空间与垂直空间设计上的一次完美合作。 在“A PLOT”场地内部，雕塑是一个垂直空间的标识，与场地水平的延展和地形细腻的体验形成强烈对比。雕塑的设计加强了场地的存在感，标志着一次墓园场地演变的里程碑。

材料

“A PLOT”项目的景观材料非常单一，可以说是由红色砂岩一种材料组成。红色的砂岩和绿色的草地以不同的高差与角度共同拼合而成 30 个场地单元。在材料色彩上，红色与绿色较强的对比凸显了铺装场地的存在感；在材料质感上，砂岩嵌入自然环境之中的人工化设计展现了硬质与软质景观的和谐共存。整个“A PLOT”场地没有复杂的边界，以铺装、地形要素限定的空间，仿佛就是墓园自然基底中一处时间演变的印记。砂岩与草地之间的交错排布是否是设计师对场地刻意的消解？消解场地的目的是否仅仅通过材料与布局，或是高差与尺度便能够实现？这些或许只是一种途径，或者说是“消解”的一个层面（图 3–4）。

综上所述的景观细部，是将体验落实于设计的关键途径。他们能够挖掘的是

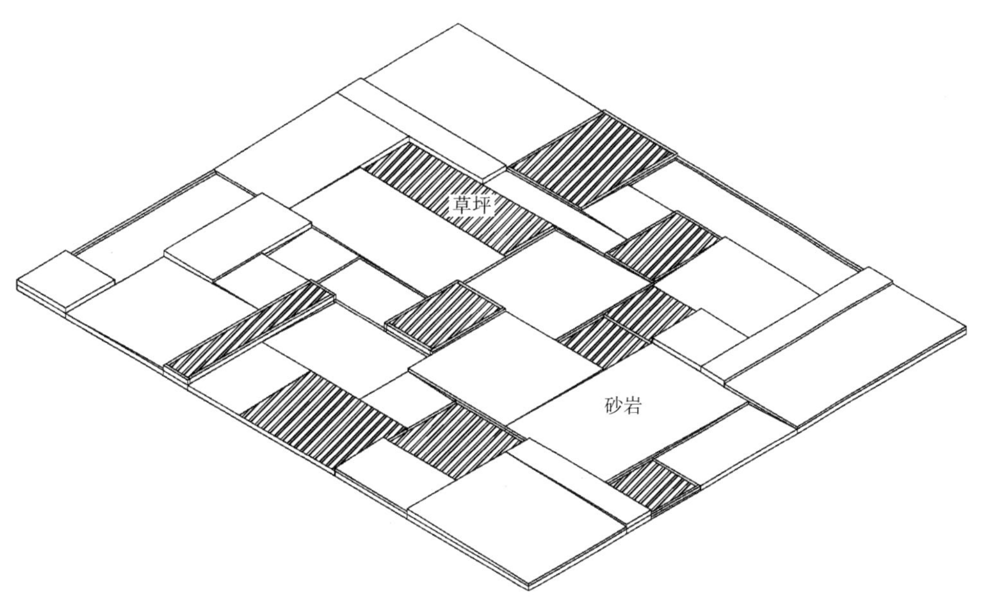

图 3-4　“A PLOT”材料变化示意

体验的共性，在设计完成之前，这种共性是设计师可把控的；也总会有那么一小部分，甚至某些时候占据一大部分的设计，是设计师可能未曾预料的，有时是惊喜，有时是悲剧。若想让悲剧不会发生，仅是细节的提炼是远远不够的。自然化景观空间的建立需要时间的检验和自然的锤炼。

“A PLOT”项目工程进行了约三年的时间，一处小尺度的场地缓慢地变化着。在一年的不同时间里，场地展现出不同的状态，就像时间对墓园的改变一样，场地借助于时间之手嵌入进了墓园整体环境之中，就像一个不可回避的生长过程，持续地、合理地变化着。融入式的漫长建造过程将设计体验变为使用者习惯的一个部分，就像一个自然而然的成长，“它”本来就存在在那里，本来就应该在那里。那里是一个人们习惯了沉思的地方，习惯了放松的地方，习惯了它是墓园必不可少的场地，更习惯了它的质感、色彩、形状和微小的地形叠错。既然已经成为一种习惯，那么体验在这样的消解中似乎变得没有了意义，刻意分析体验的细节似乎成了对于使用者的咬文嚼字和对于设计者的班门弄斧（图 3-5）。

“A PLOT”场地内红色砂岩如石雕工艺品般印刻着一段丹麦诗人（Klaus Hoeck）的诗句：“你在这儿追寻什么？在这里，生命变成了石块，探寻着自己的死亡。”快速的进化属于城市中喧嚣的空间，那里的体验是短暂和瞬息万变的；缓慢的生长属于墓园安静的场所，这里的体验是细腻、平常和持续变化着的。“A PLOT”就是插入两者之间的场地设计，它改变着自然空间，借以满足人们对自然的使用需求和活动需求。体验的过程改变了墓园的性质，建立了哥本哈根城市独特的“公墓文化”。

图 3–5 “A PLOP”项目的建造过程，红色砂岩与绿色草地的对话

3.2　斯堪的纳维亚冬之雪丘

SEB 银行广场被设计者 SLA 事务所称之为“城市之丘（The City Dune）”，面积约为 7300 平方米。广场位于丹麦哥本哈根海港区域，多年来，这片区域一度被破乱的办公楼、商场占据着，被市民们评价为最差的城市空间，使用价值非常低。在 Kalvebod Brygge 路和 Bernstorffsgade 路交叉口处，瑞士的 SEB 银行建起了斯堪的纳维亚总部大厦。广场就位于这座大厦的两栋建筑之间，建在一处地下停车场的上方。广场最低点与最高点的高差约为 7 米，整体似一个沙丘蔓延的一部分，在建筑之间流动（图 3–6）。

SEB 银行广场的景观路径可以与场地设计的多个层面发生强有力的关联，甚至融为一体。广场的景观路径从功能上，满足了自行车与人流在各个城市空间与建筑之间的穿梭；形式上，广场的路径本身就是构图的表现途径之一；空间上，景观路径将这一城市区域松散的空间结构紧密联系在了一起；技术上，广场这样一种景观路径的设计恰当地解决了场地巨大的地形高差变化。

景观路径与功能需求

广场横向的景观路径首先是连接 SEB 银行两栋建筑的重要通道，但不是唯一和强硬的。相对于 SEB 银行大厦来说，广场是一个开放、灵活的空间。员工和参观者可以选择任意一条路径穿越广场。相对的，其他的景观路径同时转变为一种可停留的舒适空间。景观路径具有通道的基本功能，宽窄变化与小空间的叠合又赋予了广场公共活动的附加功能，从而使景观路径跳出“园路”的概念限定。在广场辐射的城市区域内，景观路径作为一个整体，提供了更具城市意义的功能属性（图 3–7）。

城市之中的人们可以通过广场，从 SEB 银行到达海港，穿过丹麦国家银行（Danish Country Bank），再抵达蒂沃利会议中心（Tivoli Congress Center）。这是 SEB 银行广场对城市的卓越贡献。它不仅仅是银行附属的室外广场，更是城市重要的公共空间。从城市功能的角度，广场为公众与银行员工共同服务，具有重要的存在价值，这种价值通过独特的景观路径设计得以实现。

景观路径与地域形式

由白色混凝土构成的广场，整体形式就像一座覆盖了白雪的沙丘，层层叠落进了城市里。在斯堪的纳维亚半岛，气候寒冷干燥，四季分明，冬季常常白雪皑皑。在风力的作用下，雪丘慢慢堆积而成，并划出优美流畅的曲线。广场借助于 7 米左右的高差变化，实现了“丘”的艺术形式提炼，成为设计与理念完美结合的切入点，打造了一处醒目的城市公共空间。这座城市中的“雪丘”正是地域自然环境的场景再现。

图 3–6　广场俯瞰城市道路

图 3–7　广场景观路径

广场的景观路径在“雪丘”上创造出了城市尺度内的形式细节，一条条由草地割裂开的缝隙，展现出了白色景观路径完美的线条感。它们没有重复的规律，节奏感产生于看似随性的边缘处理，并以此顺应地形的高程变化，以自然化的台地形式层层解决了广场巨大的高差。景观路径塑造的整体形式感好似丹麦北部区域起伏沙丘折叠回绕的自然运动轨迹，它们随机而生，是大自然的产物。广场景观路径以一种地域性的形式语言嵌入在城市空间之中，是对自然的呼应，也是对可识别性的强化（图 3–8）。

在广场所处的这样一片城市区域内，形式的识别性是带动区域活力的重要手段。具有领土景观特质的地域形式能够在心理上得到人们的认可和共鸣，对自然与家园的热爱使人们更向往具有地域性的熟悉场景，从而勾起曾经美好的回忆。识别性使区域摆脱了凌乱破败，使用率低的城市印象，标新立异的广场空间让城市具有明确特征。

景观路径与城市空间

SEB 广场是整合银行大厦新建筑和周边区域的重要公共空间，景观路径的功能在交通上联系了各个城市空间，其表现形式也具有强有力的连接感。作为城市空间的一个组成部分，SEB 广场已不仅仅是一个活动的或穿越的、流畅的或细腻的场地设计，跳出场地的边界，它更像是一个连接的纽带。这个纽带以景观路径的多样化与灵活性创造了一处开放的大堂，它属于城市，更属于自然。

小乔木和观赏草种植在广场景观路径之间的缝隙内，圆形的树池点缀在白色的混凝土铺装上，绿色在景观路径之间滋生繁衍，形成了某一季节绿色覆盖的、舒适小气候环境。常绿的和落叶的植物搭配使各个季节都有舒适的植物空间。观赏草丰富了路径之间的缝隙空间，不同的高度、色彩和质感是横向路径之间空间划分的重要元素。植物提供了一处随自然不断变化的城市空间，自然化的景观路径充满了生机与活力（图 3–9）。

这样一处自然化城市空间，并不是完全的模仿自然，景观路径呈现的状态决定了这里将是城市中全新的自然体验空间。在 SEB 广场，自然从属于景观路径，它是路径体验过程中必不可少的组成部分；自然也从属于城市空间，它是空间自然化的有效途径。但“自然”不是主宰。以城市空间为主体，自然赋予了广场一个不断演变的景观空间，诠释了城市之中的自然视角和自然作为一个过程在城市中存在的价值（图 3–10）。

景观路径与生态技术

SEB 银行广场的景观路径以折叠的轨迹和整体的形式解决了景观工程技术上的难题。层层回绕升高的景观路径平台，首先满足了植物生长的土壤厚度的条件。整个广场处于一处地下停车场的上方，覆土的厚度受到极大限制，乔木的优

图 3-8 “裂”

图 3-9 植物与建筑、场地的完美融合

图 3-10　入夜的广场

越生长需要良好的土层和土壤环境。逐层升高的台地，恰好解决了在每一层景观路径的平台上栽植植物的覆土需求，从而实现了绿色的景观环境。

广场景观路径之间没有明显的台阶相连，全部采用较缓的斜坡方式解决两层景观路径之间的高差，从而满足广场的排水需求。排水沟既是场地工程技术的需要，也是景观路径的形式语言。折叠的混凝土铺装在低处形成狭窄的线形凹槽，将铺装表面的雨水回收到两个集中的地下雨水收集库内，再通过过滤净化等管网设备将水输送至地面，用以浇灌植物和补给雾化装置用水。

广场白色的混凝土铺装折叠的形式增加了表面积，尽可能地吸收较多的太阳辐射，从而为夏季炎热的天气创造凉爽的小气候环境。同时，植物有效降低温度，布置在草地间的雾化装置能够可控地适当增加空气湿度，使城市广场变成一处郁郁葱葱的花园空间。

植物、铺装等要素与景观路径的有效结合，形成了一处可持续发展的城市公共空间。一个自循环的体系打造了哥本哈根第一个气候调节的城市自然化景观空间。

“景观路径”是 SEB 银行广场景观设计的一个重要切入点，功能、形式、空间与技术所赋予的意义使景观路径成为设计框架的重要基础。广场景观路径的设计源自于复杂城市空间功能的基本需求，是丹麦领土景观特质的形式再现，也是城市空间关联的产物，更是解决景观工程技术难点的巧妙手段。

在大尺度的城市公园或风景区规划中，景观路径是一种明确的路线，它串联各个景点和各个活动空间，并塑造多种不同的体验过程。在城市广场中，景观路径常常是多样的，甚至因多样而产生过多的可能性，难以把握。若对它客观分析，可能掉入交通流线分析的漩涡，而得到一个完全行为调研的结果。这虽然意义重大,但却忽略了景观路径的诸多潜力。SEB 银行广场是一个特殊的城市广场案例，它以景观路径切入来解决各个层面的问题，并统领整个设计，借以实现一处真正的自然化城市公共空间的建立。

3.3　漫步·逗留·在自然里

景观路径通常表现为线性空间，连通作用强，故常常被作为空间整合的有效手段，而空间结构便会退居第二。城市之中的破碎空间比比皆是，尤其是一些老城区，公共活动空间就是建筑残余的边角场地。园林景观师不得不接受已成定局的难题，想方设法弥补缺憾。在这样的城市空间里，景观路径往往是空间结构的骨架，除了作为线性景观空间存在之外，更重要的是如何贯串联通更大尺度的城市区域，达到在“漫步”中注入“逗留”，将“逗留”融入“漫步”。

从城市尺度着手，景观路径跳出了自我体验的范畴，转而成为纽带，串联各个被不同时期发展起来的建筑物割裂得体无完肤的城市空间。景观路径设计面临巨大挑战，这不仅仅是结构上的简单连接，而是需要吸引，需要驻足，更需要更新的过程（图 3–11~ 图 3–14）。

腓特烈堡（Frederiksberg）是丹麦哥本哈根西北部一个独立的行政区。若干年前政府决定在旧图书馆和老火车站附近建设新的中心建筑群。20 世纪 90 年代中期，一个大型的购物中心在此建立。随后，地铁站、图书馆新馆、地下停车库、哥本哈根商业学院和一所高中陆续建成，满足城市中心区的各种功能需求，吸引了越来越多的人流。在这些逐渐兴建起来的建筑群之间留下了多个被割裂开的城市广场，包括哥本哈根商学院外广场（Copenhagen Business School Square）、老火车站前面的广场（The Solberg Pinet）、图书馆广场（Falkoner Square）、100 个水坑广场（Square of 100 Puddles）、街西广场（Solbjerg Square）、眺望台广场（Holger Tomoes Passage）。他们承载着复杂的人流与自行车流，包括紧急通行车道，同时，又是附近生活的居民主要的室外活动空间。在 SLA 事务所总体规划设计之后，腓特烈堡这片重要的城市公共空间被完美整合在了一起，并以不同的功能、主题、要素构建了满足城市使用需求的多样化景观空间。这片新城市空间重新定义了腓特烈堡这一城市片区，公共活动的场地不再是被动的边角绿地和建筑的附属空间，而是由景观路径串联起来的自然体验场所。在这片城市空间中穿过的人们会被一个空间吸引，并期待着下一个空间的出现。

哥本哈根商学院外广场曾经是老火车站所在地，两栋独立建筑围合的公共空间直接与城市空间相连。原铁路线遗留下的冗长废弃空间被设计师改建成了一处在自然中漫步的场所。广场从地势最高点——商学院楔形建筑的绿地草坪基座，一直延伸到地势低洼处——主楼前的 100 个水坑广场。供人行和自行车行走的宽阔混凝土道路循着曾经的铁路线轨迹穿越各个空间，将周边的城市中心区和校园区域连接在了一起。绿地是这一重要景观路径的护卫，在混凝土道路的两侧起伏延伸。柔软、嫩绿的微地形为广场提供了绿色的视野，仿佛被自然所包围。在混凝土的广场上点缀着圆形的树池，间隔地种植着橡树和观赏草。轻盈的植物随风舞曳，仿佛漫步徜徉在林间草地。这些树池看似随意地打破混凝土的僵硬，却划分出了漫步、逗留、偶遇、驻足的多样空间（图 3–15~ 图 3–18）。

春天，老火车站前面的广场上，梨树与海棠树的一朵朵白色花瓣在微风中舞动着，坐凳、矮墙与临时座椅塑造了咖啡座的轻松氛围。高低错落的平台借以划分功能空间，建立停留的领域感。水杉树轻盈细柔的枝叶在平台上投下晃动的树影，增加了广场空间的细节感受。在夜晚，林荫树的树冠被点亮，高杆灯投射到地面上暖色的光影图案，与气味、声音、运动的轨迹交织在一起，形成了独特的场所体验。

秋季，图书馆广场被大片的红叶树覆盖，与锈钢板材料、砖红色建筑立面形成了有力的呼应，也形成了一道独特的城市风景。在丹麦多雨的季节里，图书馆广场变成了闪闪发光的多层水镜，反射着雨后的阳光，照亮了灰暗的空间。当雨

图 3-11　北欧国家几座主要城市中心区图底关系示意——哥本哈根

图 3–12　北欧国家几座主要城市中心区图底关系示意——斯德哥尔摩

图 3-13　北欧国家几座主要城市中心区图底关系示意——赫尔辛基

图 3–14　北欧国家几座主要城市中心区图底关系示意——奥斯陆

图 3–15　建筑绿色的底座

图 3–16　广场的一侧延伸着草坡

图 3–17　漫步的景观路径（一）

图 3–18　漫步的景观路径（二）

水渐渐退去，广场又恢复了一片静谧的空间。

100个水坑广场是一片开阔的铺装场地，广场一隅是一个高度约20厘米的矩形盆装种植池，生长着白桦、枫杨和李树等植物。一条小径穿越其间，里面布置着座椅和雕塑，吸引着人们进入、停留与穿越。种植池就像一个广场中的秘密花园，与开阔的广场空间形成强烈对比。在广场上布置着很多圆环形的浅坑和池笋，有些存着雨水，反射着天空的色彩；有些喷出水雾，袅袅扩散；有些通过声控装置发出模拟自然界的声音。看似平静的广场，却是一处自然的天堂，带给使用者不断的惊喜体验（图3–19）。

冬季的街西广场仍然是浓绿一片，不同品种的松树散发着不同的气味，并以各异的形态、色彩在广场中勾画着优美的图画。

眺望台广场的高处位于老图书馆入口的一侧，这里可以眺望地势最低的水坑广场。在眺望台另一侧是一个巨大的水幕帘。在夜晚，光纤灯点亮了无数闪耀的蓝白光点，如繁星在水幕间眨眼。穿过广场的人们不禁被吸引驻足观赏，北欧漫长的夜晚变得充满了活力。

每一个城市空间都不再是城市残留的区域，每一个广场都没有明确的功能限

图3–19　巨大的矩形盆装种植池

定，城市空间并非只能是集会与庆典的场所。正是因为没有了传统的功能约束，腓特烈堡城市空间才充满了轻松、愉悦的气氛和浓郁的生活气息。每一个空间都具有独特的场所感，强烈的感观认知和便捷的可达性为人们提供了不断的惊喜。人们在城市中来回的漫步、逗留和偶遇。城市中残留的空间与自然亲密对话，若转换城市的图底关系，景观空间更像是一个起搏器，在各个季节，在每一种天气里，在白天与夜晚，不停地跳动着，赋予城市以活力的源泉。

每一个空间都是景观路径不可或缺的部分，路径没有定势，更像是一种在自然里、在城市中丰富的体验过程。

3.4　一个纪念场所的纪念

森林墓园（Woodland Cemetery）位于瑞典首都斯德哥尔摩南部的安斯基德镇（Enskede Town），建于 1917 年，完成于 1940 年，面积约 75 公顷。墓园的总体规划设计由两位建筑师贡纳 · 阿斯普朗德（Gunnar Asplund，1885~1940 年）和斯格尔德•卢弗伦斯（Sigurd Lewerentz，1885~1975 年）通力合作完成，他们在森林墓园的设计竞赛中，从 53 名选手中一举夺魁。墓园场地曾经是一片古老的采石场，遍地长满了松树。建筑师们天才般的合作，塑造了一处非凡宁静、优美的环境，堪称 20 世纪现代主义艺术的巅峰之作，对世界各地的墓园建设产生了深远影响。同时，由阿斯普朗德设计的火葬场建筑也是现代建筑的朝圣之地。火葬场建筑是阿斯普朗德的最后一个作品，建成不久，他便与世长辞，并埋葬于此墓园中，最终与他的作品一起融合在了这片宁静的自然环境里。

地域景观的纪念

瑞典南部的森林草地农田是场地设计无穷的原始力量。在森林墓园设计的初期，阿斯普朗德思考的一个关键问题就是如何在墓园的整体环境设计中体现瑞典的民族景观特征。这样的最初构想成就了森林墓园的环境设计特色，如茵的草地、缓坡的丘陵划出一道道柔软而流畅的线条，期间点缀着一团团树丛，外围包裹着森林。这不禁让人们忆起了瑞典开阔起伏的山地、小树林、农耕景观等地域景观特质（图 3–20）。

整个墓园的路网结构规整有序，柔软的自然之感通过地形与植物的设计得以展现。这些清晰的道路划分出了墓园的不同功能区域，就像瑞典某些地区的农业景观中田地与牧场的边界划分方式一样，石墙是标志地界的古老手段之一。在森林墓园中，规整砌筑的石墙用以围合入口狭长的空间；自然砌筑的低矮石墙作为边界用以划分各个功能区域。这些具有地域景观特征的石墙形成了自然的过渡与视野的通透，强化了墓园整体的自然美感（图 3–21）。

森林墓园是对地域景观的纪念，地域景观是墓园纪念体验的依托。

纪念空间的纪念

墓园存在着清晰、简练的空间关系，就像自然界中存在的空间一样——开阔的柔软草坡、围合的浓荫树林、绿篱分隔的私密墓地和引领心灵祭奠的标志物。

森林墓园的主入口位于最北侧，是一条80多米长的石墙甬道，在两片树木的夹峙下，狭长的入口空间与远处开阔的草地空间形成了明显的收放对比。同时，石墙也成为林地界面的清晰界定。壮观的入口场景是墓园设计中最精彩的开篇之作。草地由北向南上升的趋势，又直接引领到达墓园的核心空间——火葬场建筑（1940年）、莲花池和高大的十字架雕塑。浅黄色的花岗岩建筑简洁朴素，巨大的外廊柱阵面向西侧，与周边的莲花池和草坡形成了空间上的呼应与联连通。这里被整片的树林围合着，它们形成了开阔的丘陵草地空间优美的绿色边界（图3-22）。

森林墓园的西侧，一片起伏的草坡上缓缓升起了一个十余米高的山丘圆台——一种远古时期流传下来的祭祀建筑形式。这座“纪念之丘”（Hill of Remembrance，1928年）的顶部由纪念林（Grove of Remembrance，1958年）围合而成，形成了一处祭奠亡灵的冥想空间。平台可以眺望整个墓园，视野开阔，但私密感较强，为人们提供了安静沉思的空间。圆台顶部种植着一圈树木围合平台空间，在开阔的草地之间，整齐的树丛形态构成了明显的标志性，与十字架遥遥相望，在空间上塑造了完美的构图平衡（图3-23）。

开阔的天空与绵延的绿地，肃穆的森林与开阔的丘陵，浅黄色的建筑与浓绿色的松林，小山丘与低谷地，水池与草堤，空间质感、色彩、尺度的对比与融合，让身处这片自然环境之中的人们对死亡与重生的涵义产生了无限的联想。

空间因纪念而存在，体验因纪念而深刻。

体验场所的纪念

穿过狭长的入口甬道，人们的视线被引向远处开阔的丘陵草地，巨大的黑色花岗岩十字架在松林、草地与天空的映衬下显得格外醒目，指引着人们心灵的归途，神圣感油然而生。狭长的入口空间将城市的喧嚣隔绝在了墓园之外，走过这条长长的通道，心中的杂念与不平静似乎都慢慢的削减、消失。当进入墓园这片自然化的草坪空间内，高潮由“空”而生，宁静、悠远、静穆的氛围包裹了人们渺小的身躯，身体与心灵似乎都回归到了自然的本初状态。一条长长的石板小路镶嵌在草地中，顺着缓缓上升的草坡引领着送葬的人群到达火葬场建筑。简洁的建筑形式和静静的莲花池使人们的心灵增添了安宁之感。十字架一直在那里，慢慢地在人们的视野里变大、变高，变得轮廓清晰，引领着走入纪念的世界。当人

图 3–20　墓园起伏的丘陵草地

图 3–21　石墙与纪念墓碑

图 3–22　火葬场建筑与莲花池

图 3–23　纪念之丘

们到达了十字架的区域，才感觉到，原来身体可以如此渺小，不禁感慨生命的短暂，珍视现在的美好，缅怀逝去的亡灵（图 3-24）。

纪念之丘上方的树丛整齐地围合着顶部的休息场地，在天空的映衬下划出孤寂的剪影。顺着一条笔直的小路，迈过一级级台阶走到圆台顶端的场地，微陡的坡度将视线一直引向树丛与天空，崇敬与怀念之感越来越强烈。由祭奠平台俯瞰墓园起伏的草地和点缀的树丛，视野延绵悠远。向天空望去，一切都将在这里得到升华，心灵的祭奠似乎可以归于自然的平静之中了。

顺着墓园的道路向北走进成片的松林之中，远离主干道的区域整齐划一地布置着成片的墓碑。场地原有的松树高耸入天，阳光透过斑驳的树荫洒在安静的墓地中，神圣而幽静，为缅怀的人们提供了私密的沉思场所（图 3-25）。

不介入的纪念

纪念性的场所设计手法丰富多样，但在森林墓园中，体验式的纪念将各类丰富的感知融合在场所认知中，似乎觉察不到“设计”的存在。这是否算得上一种设计的境界，它能够让使用者忽视对自然空间的介入，而被强烈的场所感所包围。

“纪念碑式”的纪念太过于强硬和主动，“体验式”的纪念以不介入的姿态展现了谦卑的设计原则。墓园本就是一个所有人都将回归的终点，同时又是心灵归一的起点。终将融入自然是森林墓园最本质的认知。所以，不介入并不代表完全的无设计，而是以体验感知的方式不介入人们的心灵。不介入人们的沉思，所有的心情都将在自然环境中自发而生，并产生纪念的共鸣。

不介入的纪念在自然与场地之间达到平衡，也是人与天空、土地之间的和谐状态。在这样的平衡与和谐之中，墓园“死亡、安葬与新生”的三大主题被诗化，并成为一种大地艺术的精神化感知。

森林、树丛、水池、草地、丘陵、山丘，所有的要素都是设计师的颜料，勾画出的一幅幅栩栩如生的画面，以至于悄然之间融入进了真正的自然环境之中。人们无法区分真假，也无需弄清自然与人为，景观空间本就是自然的一部分，本无介入。

起伏叠落的节奏感、疏密有致的韵律感、松木林地的永恒感和无介入的体验感，塑造了森林墓园庄重与轻松的交叠，人工与自然的融合，纪念场所并不一定是强制性地追忆，可以是人与自然融合后的顿悟。

1994 年，森林墓园被联合国教科文组织（UNESCO）评为世界文化遗产，永远地纪念逝去的历史……

图 3–24　高大的十字架

图 3–25　松林墓地

3.5 台地花园的造型艺术

台地花园（Schandorff Plass）位于奥斯陆（Oslo）的城市中心区，Schandorff 街道的尽头。北部戴希曼图书馆（Deichman Library）古典主义华丽的柱廊形成了台地花园重要的背景，南侧场地直接与三一教堂（Trinity Church）广场相连，西侧与 NAV 公司办公楼相邻，东侧与现状的墓园共同形成了城市绿地系统的一个重要组成部分。台地花园所处场地曾经是一处城市公共停车场，由私人资助改建，2009 年施工完成，捐献给了奥斯陆政府，成为独具标志性的城市公共空间。

一条连通的路径

台地花园作为一个连通周边著名城市建筑的通道，具有便捷的可达性。从 Akersgata 街穿越花园，可以到达戴希曼图书馆；从 NAV 办公大楼可以穿越花园到达教堂。台地花园不仅是周边道路的连接通道，也是一个绿色的花园。作为墓园绿地的延续，花园成为整合城市功能空间的重要活动场地，就像一处在城市之间流动开来的绿色河流，将周边环境紧密联系在了一起。

台地花园中的主体通道曲折迂回，在视线上整合了各个独具个性的城市界面。花园纵向的视线被直接引向戴希曼图书馆高大的柱廊背景，以及墓园延伸出来的绿色空间。从花园西侧望向柱廊的视线之间点缀了格陵兰岛传教者汉斯 · 艾吉提（Hans Egede）的雕塑，丰富了花园纵向的视觉层次。横向的视线沿着通道路径以不同的角度折叠变化，引向被精心保留下来的现存乔木和三一教堂高大的穹顶。

在墓园的北侧，另一处狭窄的城市空间延续了台地花园的设计风格，形成了连续通道在城市中的延伸，借以整合城市分散的绿地空间（图 3–26）。

一个地形的通道

整个台地花园处在一个南北高差约 7 米的斜坡上，这在它复杂的周边环境中又增加了一个阻碍可达性的困难挑战。巨大的高差也是台地花园没有台阶的弯曲坡道形成的重要原因，现状的劣势条件催生了创新的设计思路。

台地花园的主要通道以最大 6.5% 的斜坡坡道蜿蜒迂回地连接了广场最低点和最高点的交通，其间布置了休息平台，使通道成为了一处绿色花园包裹的舒适空间。挡墙和草坡合理地解决了花园通道与绿地、休息平台的衔接，栏杆强化了通道的边界，它们自然而然地形成了空间的围合，使穿越的人们能够在这里不受影响的停留、休息。南侧的草坡使花园与大教堂广场之间产生了和谐的关系，解决了不同高差的错位交接问题。在台地花园的顶部，通道靠近教堂广场的位置，一处狭窄的台阶连通了两个空间，增加了图书馆与教堂的可达性。

图 3–26　台地花园在城市中的延伸空间

场地地形的巨大变化使一处连通的空间变得丰富多彩，斜坡的设计方式削弱了台阶带来的压迫感，弯曲的路径变化又最大程度地减小了斜坡的角度。与草地、植物、木平台、小广场的结合，使弯曲的通道具有了花园的意义（图 3–27）。

一个穿越的花园

因现状地形的高度变化而产生的花园步行通道设计，使台地花园比起连通的空间，更多地成为了一处消遣的空间。漫步走过花园，将是一段绿色的体验旅程。

台地花园的步行道融合在绿地与广场之间，划分出了各个不同的休息空间。小广场区域主要布置在通道的西侧，与 NAV 公司办公楼衔接，形成主要的停留和活动场地；而草地则布置在东侧，与大教堂静谧的氛围产生和谐的景观联系。花园西侧紧邻 Akersgata 街的白色混凝土铺装广场，强调了花园步行道的入口区域。顺着坡道缓缓前行，因地形高度的变化，坡道利用了现状保留下来的墙体，形成挡墙解决高差，同时也成了休息场地的围合边界。一处两层叠错的木平台解决了坡道与广场之间的高差变化，并弱化了台地花园通道 90 度的转角，在这里塑造了一处独特的安静休息场所。坡道的宽度约 2.5 米 ~3.5 米不等，两条近似

图 3–27　台地花园层层升高

平行的坡道之间距离平均在10米左右，形成了舒适的穿行通道空间，活动广场空间和停留平台空间（图3–28、图3–29）。

台地花园的主要景观材料质朴而温暖，坡道灰白色的现浇混凝土和浅灰色的花岗岩广场铺地赋予了花园最主要的洁净质感，与挡墙立面包裹的耐锈钢板表皮形成了色彩的对比，也凸显了台地花园高差变化的特征。台地花园低处的草坡上种植了菖蒲、薄荷和熏衣草等草本植物，使葱郁的绿色空间里在整个季节都有了一抹蓝的色调。春季，开满白花的樱桃树为高建筑密度的城市空间增添了健康而美好的场所体验。

在台地花园中，受到现状条件的限制，景观路径虽然以坡道的独特形式出现，但却远远不只是通行的功能。它是将草地、广场与各个城市界面联系在一起的关键性空间，并借此形成了停留、休息、观赏、穿行等功能融为一体的绿色花园（图3–30）。

一个造型的艺术

通道作为台地花园的主体，控制着整个构图的骨架，并借助于高差的变化，使花园具有了城市雕塑感和艺术的美感。弯曲迂回的通道像流动的水系般流畅地将小广场、木平台、草地编织交错在一起，形成一幅美妙的图画。通道局部笔直的线形与转弯处圆润的弧线彰显出形式的特征，线与形的变化具有现代艺术的前卫感。但这样的构图形式并不是单纯的视觉冲击，而是现状条件与功能需求的衍生。从人的行为心理角度分析，人们往往更倾向于接受坡道而非台阶。弯曲的坡道能够在现有地形的基础上最大限度地创造舒适的行走坡度。而被延长的通道又将人们引入了一个休息、娱乐、观赏的绿色花园。由功能衍生的形式具有更重要的城市意义。

台地花园雕塑感因地形而生。逐渐上升的坡道与挡墙以及草坡的交错形成了立体化的花园构成感，棕红色锈钢板挡墙立面由宽变窄的肌理在浅色的铺装与绿色的草坡之间划出一道道优美的线形，增加了台地花园坡道与地形之间高低交错的立体感。台地花园中的汉斯·艾吉提雕塑是花园立面构图的关键节点，它是花园最低处与最高处图书馆柱廊之间的重要转换点。雕塑的存在减弱了柱廊对花园的压抑感，通过视觉层次的划分形成了花园与周边环境之间和谐的比例关系。

台地花园的设计可以看作是对自然要素“地形”的经营设计。花园以清晰、简洁的设计手法，从现状出发，创造了一处解决场地实际问题的绿色花园空间。地形成为主要的设计灵感来源，赋予了场地明确的地域特征。台地花园所处的地理位置决定了它具有城市复合的功能性和环境的复杂性。花园以视线控制整合了城市的多样化界面，以巧妙的斜坡通道连接了各点交通。对“城市空间”的经营，赋予了台地花园明确的城市特征。

图 3–28　台地花园广场与坡道的交接

图 3–29　木平台与挡墙

图 3–30　台地花园高处俯瞰城市街道

3.6 城市“变脸”

城市“变脸”是从整个城市的尺度评价景观空间的体验，以哥本哈根城市几个具有代表性的公共广场为切入点，体验一下这座在欧洲较早提出城市公共空间建设理论并付诸实践的城市。

这里所提出的“变脸”有两层涵义。若为动词，似乎包含贬义，所以这一层涵义更多偏向对自然的拟人化理解。城市空间与自然界阴晴风雨、春夏秋冬、白昼黑夜的演变规律相互叠合后，会产生怎样的浪漫交集？另一层涵义可以将其理解为一门“艺术”。“变脸”是运用在川剧艺术中塑造人物的一种特技，用以表现剧中人物的情绪和心理状态的突然变化——或惊恐、或绝望、或愤怒、或阴险等，达到“相随心变”的独特艺术效果。变脸原指戏曲中的情绪化妆，后来逐渐演变为一种瞬间多次变换脸部妆容的表演特技，2005 年被列为非物质文化遗产。将“变脸”作为一门艺术手段用以形容哥本哈根城市公共空间的景观体验，其殊途同归的特征是“外化多变，本质归一”。

哥本哈根在漫长的 40 余年里，由一座汽车为主导的机械化城市，转变为一座以人为本的舒适化城市，引起了世界的广泛关注，并成为很多城市公共空间建设的范本。这座古老的历史文化名城拥有迷人的城市公共生活，和承载这些舒适活动的多样化景观空间（图 3–31）。

哥本哈根市政厅广场（City Hall Square）是举办皇家婚礼、节日庆典、阅兵仪式等各种大型公共活动的集会场所，是城市最重要的公共广场之一。丹麦全国路标和里程碑起算点就是市政厅广场，他是哥本哈根社会意义上的核心，也是整个丹麦国家的地理坐标核心。[①]1905 年，市政厅广场周边的用地被选定为建设城市市政厅的位置，建筑师马丁纽阿普（Martin Nyrop）设计了一个下沉的贝壳形广场；20 世纪 50 年代，随着城市交通的发展，广场渐渐被侵占；1979 年，政府组织了市政厅广场的设计竞赛，试图恢复广场的公共活动功能；1995 年，新的市政厅广场建成了。从空间上，广场向周边扩大了许多，将原来的 Vesterbrogade 大街的一部分改建，西北侧以成排的枫树树阵和城市问询中心建筑围合了广场空间；西南侧栏杆平台形成广场与市政厅红砖建筑之间的过渡。整个广场下沉约三步台阶，增强了广场的空间感，也使周边繁杂的城市环境被隔离。从景观材料上，广场铺装以两种规格的菱形黑色花岗岩和菱形灰色混凝土块拼接而成“之”字形的条纹图案。简洁的铺装形式具有明显的韵律感和引导性，两种不同的材质在变化的季节和天气里，展现着不同的色彩、质感、纹理和反光度，并形成了细腻的差别对比，创造出了随自然环境变幻的城市面孔（图 3–32）。

---

① 王向荣，林箐，蒙小英．北欧国家的现代景观 [M]. 北京：中国建筑工业出版社，2007.

图 3-31　哥本哈根几个主要城市广场图底关系示意图

阿克塞尔广场（Axeltorv Square）位于哥本哈根城市最热闹的区域，广场对面就是城市最著名的蒂沃利游乐园（Tivoli Gardens）。广场的中心是一个圆形的水池，大理石池壁圆滑的边界形成了平缓的水镜面效果，映衬着周边的建筑与天空中浮动的云朵。水池池底层层叠错至中心镶嵌的金色马赛克圆环。圆环似若浮出水面，象征着太阳的上升。水池正对蒂沃利公园大门，形成了视觉的轴线节点。广场的西侧，九个瓶状青铜雕塑被放置在花岗岩基座上，整齐地排列在红色条石铺装上，形成了广场空间的界面。雕塑象征九大行星，摆放的距离是由行星在太阳系中的实际距离决定的。雕塑的背景是一排整齐的椴树，形成广场与周边建筑的视觉过渡。广场朝阳的一面以深色石材划分出约 4 米宽的咖啡座区域。青铜雕塑顶部定时喷出火焰与水雾，中心水池的水镜面随着微风产生层层涟漪，这些自然的气息与观感使广场变得生动而舒适（图 3–33）。

与市政厅广场和阿克塞尔广场相比，圣汉斯广场（Sankt Hans Torv）的风格质朴粗犷，这与雕塑家乔治・索伦森（Jorgen Haugen Søensen）的石材雕塑以及传统的小料石铺地有重要关联。圣汉斯广场位于哥本哈根中心城区的边缘，曾经是六条街道交汇的繁忙交通路口，20 世纪 90 年代重新改建，将背阴场地留做道路，朝阳的区域建成现在的广场。广场具有明确的空间向心感，地形整体坡向中心的石材雕塑，转角处的现状乔木被保留下来，作为广场的地标。广场与周边建筑交接的区域以浅色石材铺地划分了不规则的咖啡座休息场地，并以一排椴树强化空间领域感。在大面积的小料石铺地中间，少量的花岗岩条石穿插其间，增加了广场的视觉空间层次，并具有强烈的引导性。雕塑与周边的旱喷泉在阳光灿烂的日子，喷出高低错落的水柱，水与雕塑石材的撞击溅起了四散的水花，落地的水滴在小料石铺地上泛起涟漪，形成倒影，质朴的广场空间充满了浓郁的自然气息（图 3–34）。

阿马格广场（Amagertorv Square）是一个以美丽的铺装图案为特点的城市广场，位于哥本哈根城市中心区，Stroget 步行街的尽端。中世纪晚期，这里因靠近码头而成为繁忙的商贸之地；1962 年改造为步行广场，后又历经数次重修；在 1993 年被重新设计，形成了今天的广场面貌。广场整体呈喇叭形，最大限度地提供了人们休息、聚会和穿越的场地。广场喇叭口的两端以圆形的铺装变化和喷泉雕塑形成了整个广场的对景轴线。阿马格广场的铺装是根据雕塑家伯杰恩•诺加德（Bjion Norgaard）设计的精美图案进行铺设的。棕红色、黄色、黑色、深灰色和浅灰色五种颜色的花岗岩拼贴成连续的五角星图案。雨后的广场，倒映着周边建筑和人们的匆匆身影，图案化的铺装形式反射着或清晰、或模糊的轮廓，将周遭的一切融进了广场细腻的表情之中（图 3–35）。

在 20 世纪中期到末期，哥本哈根的城市公共空间建设正处在高潮阶段，很多主要的城市空间被重新改造。它们形成了哥本哈根重要的“城市表情”，这些表情随时间而演变，随季节而更替，随天气而变化，随人们的公共生活发展而烙

图 3–32　市政厅广场

图 3–33　阿克塞尔广场

图 3–34　圣汉斯广场雨屋雕塑

图 3–35　雨后的阿马格广场

图 3-36　哥本哈根几个主要广场铺装材料示意

印于城市之间。

哥本哈根的城市广场充满人性化的气氛，没有纪念碑式的超大尺度，也不是空旷无人的城市摆设，每一处空间都是源自公共生活的需求，也正是这些生活事件的发生，赋予了广场充满人气的场所感。哥本哈根城市广场惯用的铺装材料是斯堪的纳维亚地区盛产的石材，与少量的混凝土材料结合，形成简单、清晰的材质变化。在色彩上，黑色、深灰色、浅灰色、棕红色、黄色等石材组合，又形成了材质变化基础上的图案艺术感。这些石材在北欧多变的气候下，形成了与自然环境紧密交织的细腻化表情。在 11 月的午后，凉爽的微风拂过广场，深蓝色的天空映衬着石材细腻的纹理；2 月份的清晨，深灰色的云为广场笼罩上了一层薄薄的水雾；8 月的晚上，夕阳拉长的阴影扫过广场，铺装的肌理又多了一抹自然的笔触。

每一种气候与天气环境下，广场都能够产生不同的视觉效果与感知体验。在丹麦长达半年的多雨天气里，城市广场具有雨天特殊的艺术效果，铺装场地在雨水的冲刷与浸润下，显得更加清澈细腻，较强的反光面倒映着周遭的城市与行色匆匆、嬉笑停留的人们。而在充满阳光的午后，人们沉浸在安逸的轻松氛围里，铺装的颜色和质感对比不再那么强烈，所有的城市广场似乎都被消融在了阳光之中（图 3-36）。

美丽的“城市表情”因自然赋予的各种变化而变得丰富生动。哥本哈根城市广场诠释了风、雨、云、光的美妙变幻，“城市变脸”因事件而生，因自然而动。

3.7　幽默自然

“幽默自然”，可以是动词与宾语的关系，也可以是形容词与名词的关系。这两个层面的涵义恰好能最适当地描述铁锚公园（Anchor Park）的设计体验。公园将自然空间变得妙趣横生，借由瑞典自然环境的多样性，把各种各样的自然要素与自然特性叠加在公园的整体设计之中，将自然空间改造为了丰富多变的景观空间与体验路径；公园是一处“幽默化”的自然空间，如果将铁锚公园看做是自然生态系统的一部分,那么他无疑是通过设计师之手而改造出的自然化景观空间，充满了更多的趣味性和可感知性。

铁锚公园位于瑞典马尔默市西港 BO01 住宅示范区内，其设计理念延续了住宅示范区的可持续发展理念，塑造了一个代表斯堪的纳维亚半岛自然特征的海岸、草地和树林景观，与周围理性有序的住宅建筑形成了对比。公园作为住宅区雨水收集系统的组成部分，收集了住宅区内的地表雨水，借以滋养植物，形成丰富的水岸自然景观。

铁锚公园第一个与“自然”相关的设计理念就是控制公园整体布局结构的水岸平台。约 1 公里长的混凝土驳岸蜿蜒曲折地穿过整个公园，象征着瑞典优美的海岸线。随着水岸平台不同角度的转折，宽度放大缩小为可停留和可穿行的各类空间，呈现出了“步移景异”的体验效果，同时增加了人们在公园中逗留和观赏的时间。嵌在水岸平台间的木质平台增加了材质、形式与色彩的变化，也创造了舒适休息空间的领域感。水岸平台还点缀了不锈钢灯具，混凝土坐凳、浮雕，自然的岸石和粗犷的原木座椅，使长长的水岸线充满了趣味性（图 3–37）。

植物，是铁锚公园设计中与“自然”相关的另一特色。占公园大面积的绿地种植了丰富的植被，7 种不同品种的观赏草种植成曲线形式，它们的质地、高度、色彩与生长季经过了精心搭配，在不同的天气里高低错落地随风舞动，在一年四季都呈现出多样的色彩变化。四个近似椭圆形的典型生物群落——赤杨沼泽、山毛榉树林、橡树林、柳树林在草地中展现了强烈的自然气息，每个生物群落都是一个自我循环、自我繁衍的小系统，不需要外界供给，也无需养护，展示着自然界固有的演变规律。

路径是体验自然化空间的一个途径，铁锚公园的路径设计并没有遵循传统的公园道路设计规则，穿越水岸线、观赏草、生物群落的小路，弯弯曲曲地爬进了一个个尽端空间，将人们置身于一个完全处于自然更替的空间里；或是穿越一片高低错落的柔软草地，水岸突然出现在前方。这样的路径增加了人们发现自然的探索精神，每一条路径都会是一个全新的体验之旅（图 3–38、图 3–39）。

公园强烈的“幽默”精神还来源于完全形象化的“臭虫”构筑物，创造出了轻松诙谐的空间氛围。在铁锚公园的设计中，模拟自然界昆虫的形象，在公园的草地与水岸之间点缀的黑色梭形带支脚步行桥，连接了水岸与平台，爬进了狭长的运河，穿越了茂密的生物群落，形成了独特的趣味性室外课堂，仿佛这里就是一处自然化的空间，介入进来的是人的活动。与其说铁锚公园为 BO01 住宅区的居民和城市的人们提供了感知自然的场所，不如说它刺激着人们来这里探索自然空间。公园的设计赋予了场地时间的意义，每一天以及一天中的每一个时刻都有微妙的变化，他需要人们敏锐的观察力和高度的存在意识来体验每一个全新的改变。在这样的过程中，人与自然的互动被加强，和谐的共存不再是一种状态，而是一个充满变化的过程（图 3–40、图 3–41）。

铁锚公园是一个多样的、自然要素叠加的开放系统，混凝土、石材、木材、钢板、沥青、橡胶，以及观赏草、生物群落等丰富的植物种类，形成了大自然的博物馆，同时也是对基地历史的隐喻——作为港口，这里曾是各种原材料的集散地。公园作为一个整体，是西港区可持续发展生态系统的重要组成部分，所有丰富的空间体验是精心的组织安排，也是自然界的持续变化与演变过程。

图 3–37　铁锚公园蜿蜒的水岸平台

图 3–38　草地中的小径与碎石铺地

图 3–39　探险植物空间

图 3–40　臭虫形象的构筑物以各种形式出现在自然环境中

图 3-41　臭虫形象的构筑物以各种形式出现在自然环境中

第4章　景观要素·细部与感知

4.1　曲线·形式·细节·功能

曲线·形式

Lagkagehuset 庭园与夏洛特花园有相似的形式感，曲线形的设计语言创造了统一的设计风格和具有强烈整体感的花园形态，就像一片散开的雨滴或融化的雪水，随着自然之力渐次展开。Lagkagehuset 庭园仿佛一个自然的斑点，嵌在了一片钢筋混凝土僵硬的盒子之中。

庭园被一片住宅公寓包围着。位于克里斯蒂安港（Christianshavn）中心广场东北侧的住宅建筑因黄白相间的条纹立面而显得格外醒目突出，成为了区域的标志性建筑物。这种强烈的标识感直到进入了建筑群内部的花园才得以转变。花园曲线形式的视觉冲击给人留下了深刻的印象，柔和、舒缓的曲线形式与周围封闭的建筑界面以及立面上规整的条纹形成了鲜明的对比。花园如一个独立完整的绿色图案，在建筑之间标示出了强烈的空间内聚感。正是由于这种空间向心性的引导，压抑的建筑空间封闭感得以缓解，从而为庭园创造出了全新的空间体验。

在 Lagkagehuset 庭园，场所主角的转换首先来自于形式上的突破。与夏洛特花园相同，Lagkagehuset 花园也是一个住宅楼围合的小庭园，面积仅有约 550 平方米。在这种四面围合的空间里，除了要考虑建筑的空间界面之外，就是从顶部向下观望的视觉效果。优美、流畅的曲线形式向人们传达了绿色蔓延开来的视觉感受和无限的想象空间。这片自然化绿色空间的出现打破了庭园封闭的围合感，在有限的场地内创造了无限的自然感知。

哥伦比亚花园景观设计的形式语言与 Lagkagehuset 花园、夏洛特花园也有相似之处，曲线的小径、绿篱、花卉在蒂沃利公园中蔓延开来，创造了一片喧闹空间中的世外桃源，宁静、浪漫、诗意。与 Lagkagehuset 花园一样，形式语言也赋予了哥伦比亚花园独特的“标志性”，这种明确的识别感使花园有了身份。

直线，理性、严谨；曲线，感性、浪漫。除了这些人们普遍的认知，曲线与直线从空间塑造的角度具有异曲同工之处。它们都能够创造多样的空间，只要稍加改变，形式便有了更多丰富的细节与内涵。就像 Lagkagehuset 花园，它的设计语言绝不只是包含着形式的意义。花园空间因独特的曲线形式而生，借以激发丰富的功能类型，直接塑造花园空间的场所感（图 4-1）。

图 4–1　形式的空间变化示意

细节 · 功能

Lagkagehuset 花园就像一片映衬着自然界千变万化的色板，在不同的季节里，幻化出各异的彩色图案。不同高度、不同质感、不同形态和不同季相的观赏草拼贴成了花园曲线形式更加丰富的内容。他们不断地持续生长，随着自然的更替展示着生命的精彩。这些观赏草以常绿植物和季节性开花植物为主，易于养护和管理，经过设计师精心的搭配，在不同的季节里交替开花。冬季，这个封闭的庭园内，充满了温暖的金黄色；夏季，清新淡雅的色调铺满了有机变化的图案。

植物为形式增添了新的内容，而功能是形式衍生的源泉。Lagkagehuset 花园的曲线形式为住宅公寓的人们提供了多样化的使用方式。内凹的曲线划定了一个约 2.5m×2.5m 的舒适空间，场地里或放置着木质的圆桌、座椅，或沿着绿地边缘设计圆弧形的长凳，在一片随风摆动的观赏草之间半隐半现，是居民们下棋、聊天、室外用餐和小型聚会的场所。在其他半围合的连续空间里形成了儿童活动、健身、看报等各类功能场地。花园曲线围合的内凹场地是具有较强空间感的地方，通过尺度的变化、植物高度的变化，以及曲线线形的变化来形成封闭、围合、通透等功能的空间。与内凹空间相对的是花园整体形态的外围空间，它们像延伸蔓延出去的绿色水滴，相对独立，又与整体不可分割。在这些外凸的曲线外围形成了临时的自行车停放处，形式很好地满足了功能的需求。在花园的西侧，细腻的木格栅围合出了垃圾桶与车棚的区域，半透明的材质和曲线形的外轮廓与花园紧密联系，视线贯通，是花园重要的组成部分。花园绿地的外围仿圆木桩砌筑了高约 50 厘米的围挡，强化了曲线形式的整体感，同时，为围合的空间创造了较好的领域感，也为各种功能的衍生提供了可能（图 4-2~ 图 4-4）。

图 4-2　花园安静休息空间

图 4-3　花园丰富的空间层次

图 4-4　休息花园与自行车棚

功能被完美地融合在了形式之内，Lagkagehuset 花园的功能依然在变化着，与花园一起生长并交融，成为了住宅楼里的居民们生活中不可缺少的一部分。这个共享的空间激发了人们各种各样的生活行为，你可以在这里认识新的朋友，也可以因偶遇而变得熟知。逐渐的，花园创造了全新的空间体验，这里提升了人们的社区意识，空间的安全感开始增强，花园最初优美的形式标识性变成了一个共同家园的认知。新的活动在持续地被创造着，烧烤、约会、偶遇……人们以生活占据了花园，花园以形式与细节融入了生活。

4.2 材料之美

材料是最基本的景观要素之一，是景观空间中基础的物质存在，也是景观空间与自然直接触碰的最形象表征。材料所反映出的质感、触感、色彩、纹理，直接决定了场地的风格和场所的感受。材料是设计师表达理想景观空间的手段和素材，往往看似随意的材料变化，却能够彰显出场地独特的魅力。对于使用者，材料是与景观空间互动的第一次亲密接触，人们感知材料的温度、质感与气味，来建立细腻的空间体验历程。

材料的地域性

斯堪的纳维亚半岛的很多地方盛产花岗岩石材，它们能够呈现不同的肌理与质感，并在北欧地区多变的气候下展现出变幻的材料之美。城市公共空间往往需要足够的活动场地，以满足各类不同的功能需求。在哥本哈根，城市广场以各种类型的花岗岩材料为主，并与混凝土材料结合，创造出了地面上的空间分割与交通引导。材料的合理搭配在细节的设计里得以彰显。然而，若仅仅将材料看做是细节设计的一种手段，或许会忽略掉他为城市景观带来的更多积极影响。

地域性的景观材料塑造了统一的城市面貌，材料的多样性又为每一处景观空间增添了个性。城市公共空间的整合需要各种设计手段的综合，材料作为其中一项，是打造城市印象的重要景观素材。这些地域性的材料取材、运输方便，能够适应当地极端的或多变的气候条件。不仅如此，地域性的景观材料还能够在适宜的条件下展现出本身固有的自然变化，记录下场地的历史变迁与演进历程，材料作为见证，是地域性景观的最直接表达。在赫尔辛基，城市中随处可见裸露的岩石在绿地中间生长着；在哥本哈根，各类花岗岩石材铺设的城市广场展现着随天气变化着的美妙城市表情；在斯德哥尔摩老城，斑驳的石板小巷里每一块石材都被踩磨得光亮无比（图 4-5）。

图 4–5　斯德哥尔摩老城区

材料置换

在人们对材料的基本认知里，特定的材料总是会有某些固定的用途，就像混凝土的墙体，花岗岩的铺地，大理石的水池。这些材料是城市中最常出现的材料类型，固定的几种用途使人们习惯了它的展示方式。然而，园林景观师探寻的却是材料更潜在的魅力。相同材料的不同组合，不同表现方式和不同处理技术能够为使用者带来惊喜、好奇，进而爱上这片场地，流连忘返。

喷泉花园（Fountain Garden）是一个惯用材料的不同表现方式的案例，这是一个有近 70 年历史的古老花园，在今天仍然散发着现代的美感。喷泉花园位于哥本哈根市蒂沃利公园内，是一个具有独特魅力的园中园。花园的设计者布兰德特（Gudmund Nyeland Brandt，1878~1945 年）被公认为北欧现代园林设计最具影响力的人物，他的成就奠定了丹麦现代园林发展的坚实基础。布兰德特善于运用植物素材，并喜爱柔和的线形，他认为植物有创造富于美感和秩序空间的能力，植物可以激发人们无限的想象力。布兰德特以植物塑造空间组合的手法影响了斯堪的纳维亚一大批的现代风景园林师，如斯文·汉森（Sven Hansen，1910~1989 年）、安妮·雅各布森（Arne Jacobsen，1902~1971 年）和古纳·马汀松（Gunnar Martinsson，1924 年 ~ ）。

喷泉花园建于 1943 年，是布兰德特晚期的作品，花园由一系列平行排列于一条斜线上的卵形种植池组成，具有明确的方向引导性与秩序感，犹如丹麦典型的农田景观中齐整的田地分隔。简单、明确的线形布局充满了动势，使整个花园顿时生动起来。布置在这些卵形种植池中的 32 个木盆喷泉是花园的主体景观。在第二次世界大战德国占领丹麦期间，混凝土材料被禁用，传统的水池材料——石材、混凝土被置换为了木质的水盆，倒立的圆锥形形体与圆润、轻薄的边缘完全打破了木材惯有的质感，微微外翻的盆缘显得更加细腻、轻盈、紧致、柔和。直径约 1.6 米的水盆在各种野生花卉的衬托下若隐若现，中心的喷泉水柱喷出了透彻的水花，溅起了阵阵涟漪，在水盆之间荡漾。夜晚，花园中的水盆被水下射灯点亮，仿佛木盆中盛着金黄色的玉露琼浆。木质水盆的表面在微弱的灯光反衬下颜色加深，纹理渐变模糊。喷泉花园中，木质的材料有着温暖的触感，在时间的洗礼下，更加自然质朴（图 4-6）。

另一种材料的置换是植物的运用。植物作为特殊的景观要素，除了形成林荫、草地、花卉、树阵之外，开始真正地成为一种景观材料，借以形成自然化的场所空间。作为建筑的“表皮”，植物可以不断地生长变化，随四季更替，创造出可呼吸的、鲜活的城市界面。立体绿化与屋顶绿化将传统的建筑立面材料置换为了植物，从而为城市带来了更多的绿色视野与自然空间。在北欧当代景观设计作品中，植物开始越来越多地扮演着艺术化的角色。在夏洛特花园、Lagkagehuset 庭园，植物就像是颜料，在调色板上勾画出随时间而变的不同色彩图案。景观的

图 4–6　喷泉花园

艺术感赋予了植物材料全新的意义，而植物也为艺术注入了鲜活生长、持续变化的源泉（图 4–7、图 4–8）。

材料的置换挖掘出每一种材料的表现潜力，创造出与众不同的景观空间，就像是观察视角的转换，既熟知又全新。

材料肌理之美

材料的肌理源于它的组合方式和本身的纹理。

材料应用在景观设计中，通常有固定的规格与模数，它们的组合形成了常见的分割方式，也是材料肌理形成的最基本框架。积玛士广场是一个典型的例子，340 厘米 ×85 厘米超大尺寸的花岗岩石材形成了特殊的广场铺装肌理，进而整合了广场上的树池、座椅、树阵等各类景观要素，将它们控制在各自合理的尺寸之内。铺装材料的规格尺寸成为了限定广场肌理的最基本模数，这个超出常规材料尺寸的模数划定了城市中独特的活动空间，以强烈的整体感区别于周边喧闹的街道。在积玛士广场，材料的肌理是空间整合的基础底面。

在哥本哈根商学院外广场，材料的特殊肌理来自于几种材料的对比组合。这条长长的散步道穿越了整个场地，宛若曾经的铁路线，追忆着场地的历史。散步道在原来铁路线的位置使用现浇混凝土材料，明确广场的基本框架，间隔地在其上铺设木条，宽与窄的对比划出了平行的直线，在狭长的散步道广场上形成了富有节奏的肌理变化。混凝土简单的拉绒面与木条的纹理平行，肌理的视觉扩张作用使狭窄的空间似乎被拉伸变宽。在这些平行线之间，间隔地点缀着圆形的绿地树池，种植着暖色调的观赏草和红橡树。平行的肌理没有了呆板之感，跳跃的圆点为材料肌理注入了生动活泼的要素。混凝土、木条与绿地，三者具有很强的对比之感，混凝土冰冷、僵硬，呈现浅灰色；木条温暖、柔软，呈现着深棕色；绿地中的观赏草飘逸而柔美，色彩在四季之间变幻更替。这些对比增加了材料肌理的艺术美感，使肌理变成了空间存在的一种形式语言，不可或缺。

转换观察的视角，还有一种材料的肌理是整体存在于环境之中的一个图案，借以强化出场地的独特气质。就像哥伦比亚花园中红色的小径，柔美的曲线勾勒出蜿蜒的图案，宽窄的变化塑造了停留与穿行的不同空间。小径两侧修剪的绿篱和草花曲线形的种植形式，也强化了肌理的视觉感受。红色塑胶材料触感柔软，纹理细腻，与蒂沃利公园中粗犷的碎石铺装形成了对比。走进哥伦比亚花园，顿时感觉安静而轻松。小径流淌的肌理在植物之间慢慢散开、蔓延，自由自在，就像花园给人的体验一样，是放松的享受。

若将材料的肌理放大，从非常规的视角观察材料，自然界的美妙纹理开始慢慢地呈现出来。材料自身的纹理并不是只能通过放大镜来观察，从空间使用者的角度，纹理的重复将形成空间界面最基本的质感特征。要想把握这种特征，设计师需要从更深入的视角来观察材料，并了解其特性，进而将其变为景观空间塑造

图 4–7　哥本哈根城市垂直绿化

图 4–8　夏洛特花园与 Lagkagehuset 庭园植物的艺术化图案感

的灵活要素。

在 SEB 银行广场的景观设计中，白色的混凝土平滑、细腻而纯净，打造了“城市中的自然雪丘”的独特景观，雕塑般的形态与质感使广场成为了哥本哈根城市公共空间的标志。在“A PLOT”场地中，红色的砂岩有斑驳细腻的纹理，仿佛被时间侵蚀、风化，记载着场地建造的过程，以及与周边墓园环境相互融合的印迹。

哥本哈根商学院咖啡花园是一处仅有450平方米左右的小场地，紧邻咖啡厅，是学生们课余时间聚会聊天的场所。铝制的座椅提供了临时的、可变的活动空间。木质平台是咖啡花园的主体，其上点缀着六个相同的异形混凝土树池，池壁在底部内收，提供了舒适的坐凳功能。两种材料的结合，在颜色上相近，而纹理上去全然不同。混凝土树池的整体感在木平台的条纹之间显得更加统一。在花园的外围一条约 2.2 米宽的铺装带界定了花园的空间边界，深红色的瑞典厄兰岛石材以碎拼的形式铺设了一条独特的带状空间，既是边界也是场地。石材的颜色均匀而跳跃，每一块材料上都充满了丰富的孔洞，仿佛风雨侵蚀的纹理，质朴而沧桑。厄兰岛石材的材料纹理与木平台和混凝土树池形成了对比，外围的石材围合了平台和树池，似是在一片自然化的空间里浮现了一片舒适的活动场地。小花园在精致的材料搭配中展现出独特的魅力（图 4–9、图 4–10）。

材料原初之美

每一种材料都有自身的独特个性，与景观空间的恰当结合能够充分表达场所的氛围。混凝土材料具有特殊的一体化肌理效果，能够打造出场地全新的整体感。在奥斯陆台地花园中，混凝土坡道蜿蜒曲折地穿越了整个场地，成为花园的结构骨架。混凝土材料凸显出了坡道的连续性，并以简单的铺装肌理整合周边复杂的高差变化。台地花园的雕塑感在材料的平衡中达到极致之美。铁锚公园是另一个混凝土材料的案例，公园曲折的水岸线全部采用现浇混凝土铺设，一条长长的带状空间联系了人们与水系，整体的蜿蜒水岸平台成为铁锚公园的主体景观。

赫尔辛基岩石教堂是材料原初之美的最有力表达，教堂的墙体直接保留了场地原有的岩石材料，凹凸不平的肌理刚好提供了不同的使用空间——置物、烛台等，同时，又形成了教堂良好的音效。在这些原初的材料上，留下了人们使用的斑驳痕迹，记载了教堂几十年的历史发展。

材料原初之美是自然赋予景观的基本属性，它彰显着景观最本质的状态，也展现了在景观空间中材料本身无穷的潜力与魅力。

材料是人工化景观的物质表达，但却与自然要素有不可分割的多样化联系。自然慢慢地改变着材料的外观，赋予景观细部时间的属性；自然也在瞬息之间幻化出材料丰富的表情，将自然的感知随时随地传递给使用者。材料，可以被简单地使用，也可以成为自然化景观空间最有力的表现手段。

图 4–9　哥本哈根商学院咖啡花园

图 4-10　材料的纹理之美

4.3　自然之变・自然质变

北欧当代景观设计的一个突出特征是与自然的对话，受到北欧精致考究的工艺设计传统影响，景观设计对自然的关注直接渗透至细节与要素。设计师将斯堪的纳维亚地区特殊的气候条件与微妙的天气变化在景观空间中强化、重现，自然的经营深入至景观的每一个“毛孔”，使场所每时每刻都散发着无穷的魅力。

自然之变・植物

植物是景观设计中最能够区别于建筑设计的一种要素，植物生命的周而复始创造了持续变化与生长的景观空间。北欧的景观设计发展历程中，从布兰德特到索伦森（Carl Theodor Sørensen，1893~1979 年），他们都将植物作为一种建筑元素来分隔空间，制造边界，并勾画出几何形的景观形式。植物作为一种特殊的景观材料，既展现着自然的生命力，又是一种人工化的存在。20 世纪末期至今，大部分的景观设计案例中越来越多地展现出植物自然化的一面。BO01 住宅示范区的丹尼尔公园，利用高低不同的观赏草植物界定了住宅区道路与公园的边界，并以多样的草本植物在公园中划定了私密的休息空间。铁锚公园内同样以不同质感、高度和颜色的观赏草植物划出了一道道优美的曲线，随着季节的变化展现不同的自然画面。植物种植强化空间形式美感，但植物本身表现为自然生长的自由状态。在哥伦比亚花园中，植物不仅仅是划定空间的要素，也是花园芳香四溢的源泉，植物从嗅觉上赋予了使用者全新的自然体验。这些观赏草和野生花卉通常便于管理和养护，生长力旺盛，它们为景观空间塑造出了随自然变幻的美丽图案和感知体验。夏洛特花园以优美的曲线形式和路径强化了植物触感与声音的自然化状态。不同种类的观赏草种植在狭窄的小径两旁，擦身而过的刹那，植物轻轻拂过，或细碎柔软，或滑润硬朗。微风吹过，植物枝叶不同的表面质地摩擦出了一曲自然之歌，在安静的空间里静静演奏。北欧当代景观设计中植物的运用并没有特定的形式或方式，主要的特征是将植物与最细腻的自然感知紧密结合（图 4–11）。

自然质变・光

在北欧冬季漫长的黑夜里，灯光的景观设计尤为重要，它为人们提供了更多夜晚活动的可能性，并激发出场地使用的潜力，为黑暗的夜晚带来了活力。

在腓特烈堡新城市空间的景观设计中，夜景是最动人的画面。每一个城市空间内都具有不同的夜景设计主题，展现出夜晚独特的空间特质。哥本哈根商学院外广场的灯光就像是混凝土空间内的水流，肆意流淌，照亮了漫步的广场空间；老火车站前面的广场上，高杆投影灯投射在广场上温暖的图案，艺术化的纹理勾勒出了广场夜晚独有的美妙肌理；100个水坑广场上嵌着一片蓝色的LED灯，在夜幕降临之时变成了星光闪耀的天穹，通过声控装置控制的音响设备隐藏在广场中，发出模拟自然界各类声音的音响效果，雾森设备喷射出层层水汽，灯光、声音、雾气缭绕交织，仿若仙境；另一处星光点点的夜景在眺望台一侧巨大的水幕帘处，薄薄的水帘后面，墙上不规则地镶嵌着白色与蓝色的LED灯，灯光水影交错的夜晚，吸引着过往的人们驻足观看。夜晚的广场并没有因为光的消逝而暗淡无色，独特的灯光效果点亮了城市公共活动空间，自然并没有被黑暗淹没，自然的质变创造出了另一个人们梦想中的公共空间。

格洛斯楚普市政厅公园（Glostrup Town Hall Park）的夜晚是一处具有丹麦地域性景观特征的光影场景。丹麦三面环海，水面反射了大量的光线，同时，较高的空气湿度也使天空中漫射出冷色调的光线，与南欧炙热而耀眼的光线截然不同。市政厅公园沿路布置的灯光，补偿了白天冷色调的光线，在夜晚散发出温暖的光照，使夜色下的广场显得更加温馨浪漫。白天的阳光与夜晚的灯光形成了平衡，自然质变在这里独具意义。

在哥伦比亚花园，半透明的白色灯柱吸收了白天的日光，在夜晚释放出了淡黄色的光影，并随着黑夜的逝去，光照强度渐渐减弱，白天阳光自然的光照与夜晚人工的灯光照明形成了亲密对话，相互延续，将自然渗入景观空间的每一个角落，融入景观体验的每一段旅程。

自然质变·材料

很多景观材料因为与自然独特的连带关系，而表现出与众不同的材料效果。不锈钢板是其中之一，为了纪念和延续场地曾经的历史。它常常被使用在工业区或废弃地的景观改造中，也有很多情况，不锈钢板作为一种体现自然变化过程的材料，被应用在景观之中，彰显它独特的材质美感。

奥斯陆台地花园中，不锈钢板作为草坡的边缘分隔以及坡道的挡墙围合，塑造出了人工与自然对比的空间效果。红色的不锈钢板是整个台地花园中最跳跃的色彩，沿着线形坡道的表达方式，贯通了整个台地，强化了穿越的连续性和空间画面的立体感，并恰如其分地点缀了花园的整体艺术之美。在奥斯陆的国家图书馆花园（National Library Park）中，不锈钢板和混凝土材料塑造了一条花园路径，连通了图书馆的新老建筑，以及古老的城墙，并将材料延续到街边的休息场地之中，以特殊材料的感知整合了城市破碎的公共空间。不锈钢板作为花池与树池的边缘，在高差变化的场地内形成了台阶式的围合效果，颜色与质感都与图书馆建筑和谐统一（图4-12）。

哥本哈根城市中心Ny Tφjhus区附近的德勤（Deloitte）大厦外广场，不

图 4–11　丹尼尔公园植物围合的休息空间

图 4–12　国家图书馆花园

锈钢材料被用作艺术装置与石材坐凳以及铺装结合，塑造了广场清晰的边界与明确的空间。不锈钢板树池与铁丝网构架结合，攀援植物沿着铁丝网生长，形成了一幅幅变化的自然图画；不锈钢材料也被用作了具有独特造型艺术的高杆灯，直立的不锈钢柱顶端微微向外倾斜，指向不同的方向，形成了具有雕塑感的艺术之美，同时满足了夜晚广场不同区域的照明需求。不锈钢材料的艺术化装置打造了令人印象深刻的广场景观，不锈钢与广场浅色的石材铺装以及切割得方整规则的坐凳，形成了较强的质感、色彩与工艺的对比，植物软化了对比产生的冲突，形成人工与自然、精密与质朴的过渡。冬季的哥本哈根被一层白雪覆盖，广场上薄薄的积雪映衬得不锈钢材料格外醒目，为苍白的冬季涂上了一抹自然质朴的美丽色彩（图 4-13、图 4-14）。

景观材料通常离不开与自然的紧密联系，并常常表现在气候的变化上，尤其在北欧地区这样一个极端的气候条件下，设计师对天气与材料之间的对话关系更加敏锐。他们捕捉到气候与天气的微妙变化，把自然的细微改变过程延续在细节的设计中，创造出自然化的景观空间。

腓特烈堡新城市空间中“100 个水坑广场”的由来是广场铺装上大小不同的圆环形浅浮雕，精致的工艺打造出了一个个浅浅的小水池，他们记录着不同季节里的雨量变化。在多雨的季节，盛满一层雨水的水坑映衬着灰暗的天空和匆匆而过的行人身影，并记载着风的变化。在雨过天晴之后，水池中的一汪水面变成了湛蓝的天空和白色的云朵。雨水随着天空的放晴渐渐消逝，回归为铺装的一种图案装饰，等待着下一次的天气变化（图 4-15）。

哥本哈根商学院的咖啡花园里，木平台、混凝土树池与厄兰岛石材三种材料在雨后的下午，出现了微妙的变化。雨水浸润过的木平台与混凝土树池颜色加深，而外围红色的石材则被雨水冲刷得格外鲜亮。三种材料的组合在晴天与雨天具有完全不同的对比效果。在阳光灿烂的日子，木平台与混凝土树池被照耀得呈现浅灰色。树池中的槐树没有浓密的树冠，而是细碎的枝叶，显得轻盈嫩绿，树影在阳光的照射下投射在木平台上，浅色的铺装材料刚好承接了稀疏的深色树影。而在雨后，颜色加深的木平台衬托着树木被雨水洗净的绿色枝叶。场景随着天气的变化而改变，每一种气候条件下都会产生独特的景观特质，就像天气会影响着人们的心情一样，景观空间似乎也具有了旺盛的生命力，在自然力量的驱使下，创造出全然不同的场所氛围（图 4-16）。

自然界总是瞬息万变，设计师敏锐的观察力和细腻的感知力捕捉着随自然而变的一切景观要素。正是因为有了与自然的交汇，景观中的要素变得丰富，细节变得丰满，体验变得多样。

图 4–13　不锈钢高杆灯

DANMARK

图 4-14　德勤大厦外广场

图 4–15　100 个水坑广场

图 4–16　雨后的咖啡花园

4.4　黑与灰的感知

格洛斯楚普市政厅公园位于格洛斯楚普城镇的中心区，面积约 1.25 公顷。SLA 事务所在 1995 年为该城镇做了总体规划，并设计了市政厅公园，城镇后续的空间格局和更新设计都以此为基础。公园的建设分为三个阶段：第一阶段，在 1996 年完成了 Nyvej 路的环境改造；第二阶段是 Kildevej 街，图书馆附近广场以及停车场环境改造；第三阶段，在 2000 年完成了市政厅公园北面和技术监督局周边环境改造。整个区域的景观建设彻底改变了周边居民对城市公共空间的认知，这里成为了居民们向往的活动场所，深受喜爱。

Nyvej 路的环境改造从火车站一直到 Roskidevej 路，包括照明设计、铺装设计、植物种植设计。道路两侧补植的两排椴树创造出了带状的林荫空间，并为城市道路支起了绿色的空间界面。在林荫覆盖的人行道上，几种不同规格的石材铺装形成了富有节奏的肌理变化，金属的路灯和石材车挡也是人行道不可缺少的景观要素，他们共同改变了道路曾经的面貌，塑造了舒适的人性化城市空间和美好的景观化城市面貌。

市政厅公园被市政厅建筑以及三层的住宅楼围合着，挪威页岩石材从 Nyvej 路一直铺设过来，形成了连续的城市底面。市政厅公园是联系城镇中心的火车站、教堂、购物中心和市政厅建筑的最后一个空间环节，充满了现代感，创造了与众不同的城市空间体验。在市政厅公园的南侧是一个私家花园，公园选择了不同种类的植物，并将花园与公园之间保留下来的一排椴树作为了空间分隔的暗示，创造出了私密空间与公共空间之间既有所区别又亲密联系的恰当关系（图 4–17、图 4–18）。

布局形式

市政厅公园的浅灰色页岩形成了统一的空间界面，优美的弧线划开了界面，露出嫩绿柔软的草地，并结合场地微小的高差变化，在铺装边缘镶嵌钢板，强化了空间的细腻感。这些钢板纤细的线型使一道道浅灰色石材之间划开的肌理显得细腻而轻盈。一条长长的曲线形混凝土坐凳成为草地与广场之间的分界线，两者高差的错位恰好形成了一段符合人体尺度的坐凳高度。坐凳表面覆盖了温暖的木条，沿着广场的斜坡，弧形的木条慢慢嵌入铺装，最后与广场的标高一致，变成了广场底面的一部分。因草地的斜坡而露出的坐凳立面涂满了红色的涂料，在市政厅公园统一的色调中划出了一抹美丽的红色，使景观的画面充满了艺术的美感。

公园原有的树木被很好地保留下来，形成了不同的活动空间。在公园曲线形的设计布局中，一条直线型的树池显得格外抢眼，而树池中保留的椴树又被修剪成了规整的形态，似一面绿墙，划定了空间。椴树下铺满了与广场铺装材料相同

图 4–17　广场与住宅楼

图 4–18　广场与市政厅

的页岩石材，只是石材碎片式的层层堆叠错落再次强调了树池与众不同的设计语言。平面布局，立面形态，以及铺装色彩质感在这里都被大胆的强化出来。这条直线型树池是公园与私家花园的模糊空间边界，既具有与众不同的设计语言，又保留了强烈的空间关联性。同时，对现状植物的特意保留与设计强化，使场地历史被记载并凸现，地域性景观勾起人们往昔的回忆。

石材浅色调的界面承载着这些艺术化的设计语言，无论从二维平面还是三维空间，界面的完整性似乎都被很好地保留着，每一笔的刻画都小心翼翼，但明确肯定（图 4–19）。

材料质感

市政厅公园的主要铺装材料是挪威页岩，以大小不同的矩形规格随机地铺设，自然而质朴。公园铺装材料与市政厅建筑的立面材料一致，划分的方式也形似，形成了统一的空间界面，整体感得以加强。当人们穿越公园时，视觉画面平衡而稳定，空间显得更加亲切、安定。

在公园南侧的直线型椴树树池以及一个曲线形树池中，都铺设了与广场相同的石材铺装，碎片式的叠错铺设方式产生了与广场完全不同的材料肌理。相同的材料，不同的质感，创造了更加强烈的色彩、明暗对比。树池中片状石材的浮铺与叠错产生了立体感较强的肌理，多重的层次关系在阳光的照射下出现了深深的阴影空间，明与暗、黑与灰的对比关系加强了材料的表现力，另一种完全不同的材料质感被展现出来，作为广场空间边界的强化。在曲线形的树池中，种植着一片白桦树，与修剪的椴树相比显得自然而柔和。植物的落叶散落在一片片页岩上和缝隙间，为材料美丽的外表增添了自然的点缀（图 4–20、图 4–21）。

材料纹理

挪威页岩表面有凹凸不平的剥落纹理，在晴天阳光的照射下，凸起的部分形成较强的反光，而凹陷的部分则形成了深色的阴影，材料的纹理被变幻的光线进一步加重而产生随自然变化的质感。页岩的反光部分倒映了周边环境中的树木、建筑和天空，斑驳的倒影似有若无。

雨后的市政厅公园，所有的色彩都变得浓重而鲜亮。页岩铺地被雨水冲洗浸润后呈现了近于黑灰的色彩，草地和树木显得格外的嫩绿，木坐凳的表面颜色也加深了，整个公园并没有因为阴霾的天气而显得灰暗，仿佛被调亮了对比度，在雨中的天气展现出了更加迷人的场所感。雨水填满了广场页岩凹凸的表面纹理，使整个广场像一面镜子，更加清晰地倒映着天空与树影。黑与灰、明与暗的对比在材料的细节之间展开，并随着不同的气候条件和一天中不同的时间形成变幻的肌理感（图 4–22）。

所有的材料都会在自然与人为的侵蚀下，在气候变幻的条件下，展现出变化

图 4–19　起伏的曲线与修剪的直线

图 4–20　明与暗·黑与灰

图 4–21　浮铺页岩的树池

图 4–22　页岩石材的质感与肌理

的效果，重要的是设计师能否在景观空间的塑造过程中，掌握这些微妙的细节改变，并加以利用。这些自然化的改变会深入使用者的内心，使场地成为最受欢迎的城市空间。钻石大厦广场的花岗岩铺地也会在下雨的日子里变幻出另一种颜色，与中心圆形的镜面水池色彩相近。雨水从水池中漫入到铺装上，广场整个消失在了雨中，自然的力量仿佛吞噬了所有的人为改变。

黑与灰的感知只是一个起点，自然存在于景观空间的每一个细节之中。阳光、雨雪、微风为景观设计提供了最好的要素，只是他们的存在太过普遍，以至于经常会被当做一种必然而忽略忘记。

4.5 细节的生态设计

从景观设计的细节切入生态的话题，益于把控，但略显松散。

哈默比湖城和马尔默 BO01 住宅示范区的绿地开放空间均以“水”为核心，并因自然环境条件的不同而产生了各异的城市空间布局。水系作为开放空间的骨架，控制了绿地系统结构，也创造了每一户居民近距离接触自然景观的居住空间。在这两个生态城区的建设中，水系景观的类型丰富多样，但不是艺术形式的创作，而是与生态技术紧密结合。除此之外，在材料选择、细节设计、植物种植等各个层面，这两个北欧国家最具有代表性的新型生态社区都取得了将“生态”理念贯彻于实践的诸多成果。

哈默比湖城对于雨水的处理不经过排水管网和污水处理厂，而是完全地内部循环消耗。城市街区内汇集的雨水和融雪经过砂砾储存池，特殊土质土壤和人工湿地等过滤和净化后，直接排入哈默比湖中。住宅建筑和绿地汇集的雨水和融雪以明沟的形式收集于蓄水池，再排入湖中。这些开放式的排水渠形成了邻里花园、宅前小院等小型绿地的主要水系景观，塑造了生动、自然的社区空间。另外，在水的使用效率上，灌溉系统方法的选择产生了很大影响。在国内常用的公共自动洒水装置被滴灌取代，并采用直接对植物根系灌溉的地下滴灌系统，极大地节省了水体资源。

哈默比湖城的柯本街区（Kobben Block）是一个由两栋 4~5 层的公寓楼和一栋 2 层的附属建筑围合而成的小街区。建筑北立面朝向哈默比湖城，南立面朝向社区花园，所有的公寓都能够看到绿地、湖水，并尽可能地得到最好的自然景观视野。每栋公寓都有两个庭园，一个朝向社区公园，一个为内向庭园，为居民提供了多样化的户外活动空间。在建筑与景观材料的选择上，哈默比湖城的整体生态环境规划要求所有的建筑材料均要考虑环境的要求，包括建筑的外立面，地下与室内，所有材料都要经过试用与测试，确定为环境友好型产品，并符合可持续发展的要求，才能够被使用。在色彩上，柯本街区的公寓建筑立面以三段式简洁的线条和下深上浅的颜色创造了轻盈的建筑形象。

哈默比湖城的中心社区花园是整个新城重要的绿色轴线，在这条公共的轴线上，一栋“玻璃房子”容纳了新城建设中产生的各类不同需求，这就是哈默比湖城环境信息中心。它的通体玻璃材质既是绿色轴线上的标志性构筑物，又具有绿色花园通透的视野。环境信息中心的地上建筑是解决市民各类环境技术问题的咨询、展览空间；地下建筑是综合性技术设备间，包括污水池、污水泵站、配电室、变电站等；屋顶平台安装有太阳能板，设置有混合能量系统控制室，微型气象站等。屋顶也尽可能地保留了植草面，以增加新城的绿色面积，同时形成了一处眺望公园景观的绝佳场所。建筑立面由多层玻璃构成，室内多余热量由建筑底部的通风系统排走，双层表皮立面结合先进的控制设备，建筑能耗比传统玻璃幕墙减少 50%（图 4–23~ 图 4–25）。

BO01 住宅示范区的整体建设过程中，一份有关“绿色环境保护”的规范文件为施工单位和开发商提供了保护生物多样性的重要参照。在规范中提到，每一套公寓都要设有一个鸟盒，建立一个蛙类动物生存栖息地，并在建筑的外墙上装有供燕子筑巢的木盒。这样的细节展现了人与自然和谐的共存状态。另外，在每一个居住院落花园内，栽植一株大乔木，并可配置多层次的灌木及草本植物，以形成舒适的小气候环境。同时，用以收集雨水和融雪的大量池塘、水洼、水渠布置在社区内，为各类动植物创造了良好的生存环境。

Tango 街区位于 BO01 住宅示范区的东片区中部，采用了中世纪传统的城镇格局，以高大的建筑围合出宜人尺度的街巷空间。这些建筑就像中世纪城墙的片断，抵挡了海风的侵扰，塑造了舒适的邻里社区环境。在建筑围合的庭园内，中心椭圆形的水岛漂浮在一片人工湿地上，并以木栈道与周边建筑间的场地连通。湿地中种植了适合于海岸环境生长的抗污染植物，以净化收集来的雨水和融雪。Tango 街区的绿地景观设计将湿地建设方法引入到了现代城市住宅院落中，以自循环的方式收集和处理了街区内部的雨水，建立了城市生活与自然环境之间的平衡关系。

在哈默比湖城和 BO01 住宅示范区内，阳台花园和入户花园是联系建筑内部私密空间与外部公共空间的重要过渡场所，他为人们提供了独具领域感的空间中接触开放的大自然的机会。这两类露天的花园或朝向水景，视野开阔；或面向庭园，安静私密。他们更像是一种过渡的灰空间，增加了邻里之间的交谈机会，在轻松的自然环境里产了更多的社区安全感和认知感。阳台与入户花园形式多样，每一户都有特定的功能、布置和装饰，极大地丰富了建筑的整体立面，为社区增添了生活的情趣。同时，这些花园也是住宅区内重要的雨水收集排放场所，既形成良好的景观效果，又具有一定的生态效能（图 4–26、图 4–27）。

景观的细节设计所展现的生态环境思考能够最直接地表达“自然”在城市中的渗透程度。在区域整体观的指导下，生态、自然怎样真正地贯彻在生活中，需要这些细节的支撑，虽然琐碎，但仍独具匠心。

图 4-23　雨水收集的各种细节

图 4–24　“玻璃房子”与中轴花园

图 4–25　生态水景

图 4–26　B001 住宅区邻里花园，街与家的花园

图 4–27　各异的入户小花园

4.6　禅意雕塑与自然元素

S.L. 安德森（Stig Lennart Andersson 1957 年 ~）是北欧当代景观设计最活跃的人物之一，完成了大量设计作品，为城市公共空间的建设做出了巨大贡献。安德森于 1986 年毕业于丹麦皇家美术学院建筑学院，1986~1989 年间在日本东京工学院（Institute of Technology）做研究学者，于 1991 年在丹麦哥本哈根成立了都市与景观设计事务所（SLA）。2002 年，因独具地域景观特征的设计风格而荣获欧洲景观奖（European Landscape Award）。

安德森的设计灵感既来自于斯堪的纳维亚半岛特殊的自然地理条件与历史文化传统，又受到日本园林文化自然观念的影响，其作品通过对自然细致入微的观察和敏锐的思考，将自然要素与感知引入城市公共空间之中，看似不可能结合在一起的要素以及偶然发生的事件都被可控地用以塑造景观空间。细腻的自然感知成为安德森诸多作品中最显著的创作特征。

禅意

在 SLA 很多当代景观设计作品中，有一类设计语言频繁出现，它类似于日本枯山水园林中经典的图案形式——如涟漪般散开的一圈圈波纹，它们被雕刻在圆柱形的石墩表面，或是混凝土铺地上，似是一个个充满禅意的雕塑，点缀在不同的自然环境里。

在菲特烈堡新城市空间项目里，这些约 40 厘米高的圆柱形雕塑被设置在 100 个水坑广场上巨大的矩形树池内。一条蜿蜒的小径穿过树池，七个雕塑散布在绿树浓荫覆盖下的休息场地中，映衬着阳光照耀下的树影，承接着阴雨过后的一汪水洼，薄薄的水膜在微风吹拂下形成阵阵涟漪，与雕塑的纹理交织重叠，清澈而灵动。

在 SEB 银行广场的外围，紧邻城市街道的建筑底层空间布置了多个圆柱形雕塑和金属路灯。在混凝土建筑外廊的顶部不规则地打开了圆形的孔洞，廊下的雕塑与这些孔洞有不同的对位关系，使得雕塑的表面产生了不断变化的光照和雨水的印记。晴天的雕塑接受着不同强度的阳光，雨后的雕塑盛着深浅不一的雨水，天气的变幻莫测使雕塑表面的波纹有了不同的明暗效果（图 4–28）。

铁锚公园蜿蜒曲折的水岸平台上，这些禅意雕塑的点缀，增加了漫长的水岸线的趣味性。波纹的肌理时而雕刻在水岸的混凝土铺装上，时而落在圆柱形的坐凳上，使自然的空间也有了装饰的美感。这些印刻在混凝土上的同心圆纹理，大大小小地变化散布，在哥本哈根一年中大约 113 天的时间里，雨水都会在这些大小不同的浮雕里盈满一层薄薄的水膜，映衬着天空和周边环境的变化。浮雕通过留存的雨水反映着这一区域的雨水量变化。雨天过后，乌云渐渐散去，在阳光的照耀下，水膜慢慢变浅，同心圆的纹理中遗留下或多或少的雨水，直至消失，呈现如日本枯山水庭园白沙铺地般的图案效果。简单质朴的雕塑是设计师记载自然变化的细心之笔（图 4–29、图 4–30）。

这些充满禅意的雕塑成为了 SLA 独具代表性的设计语言，能够深刻地反映出日本园林文化的影响。日本枯山水园林从平安时代（794~1192 年）就已出现，但是室町时代（1393~1573 年）的枯山水引入了北宗画的手法，以禅宗的自然观为基调，是一种象征性十分丰富的园林形式。当时的禅僧追求一种高尚的教养境界，衣食方面十分简朴。在禅宗寺院的庭园内出现了与北宗画相似的石组、白砂铺地等景观要素。其中，立石表现着群山，白砂表现着石间的叠水和流淌的小溪，通过山谷汇入大海的一种情景描写。也有通过一片白砂来表现广阔的大海，其间散置着几处石组来反映海岛的景象。“石”在日本园林中有宗教象征的意义，日本人视“石”为神祭拜，石庭园便成为一处神圣场所。“砂”在禅宗修行者的眼里是圣洁的象征，禅宗庭院内所用的材料多为白色的细沙或者直径为六、七毫米的碎石。日本枯山水园林在精神上追求“净、空、无”的终极状态。庭园的最大特点是每位观赏此景的人都可以有自己的感想、体验和理解，简单的自然场景的模拟能够激发无限的想象空间。

这样一种意境的营造打破了地域的界限，成为设计师追求景观与自然融合的终极境界。禅意的雕塑并不仅是形式的一种模仿，而是一种固定存在的景观要素与变化无穷的自然要素之间多样的对话方式。人们能够从盛满雨水的雕塑中看到蓝天与白云，孩子们可以趴在盛满雨水的浮雕旁用手指搅动着阵阵的波纹，也会有人从白色的混凝土浮雕图案联想到白砂、水纹和大海。景观空间与自然的结合本就是为人的感知而设计的（图 4–31）。

自然与地域性景观

北欧国家处于北极圈附近的高纬度地区，每年的五月到九月，气候舒适，白昼较长。冬季从每年的十一月到第二年的三月，阴郁而寒冷，白昼很短，夜晚漫长。这种极端的气候条件造就了北欧人对自然环境独特的敏感性和由衷的偏爱。

日本是一个具有得天独厚自然环境的岛国，气候温暖多雨，四季分明，森林茂密。丰富而秀美的自然景观孕育了日本民族顺应自然，崇尚自然的美学观念。

中国辽阔的国土空间和三千余年的历史进程孕育了源远流长、博大精深的中国古典园林体系。平野、山岳、河流、湖泊等自然景观为兴造风景式园林提供了优越的自然条件和极为多样的模拟对象，这些自然界取之不尽的创作源泉确立了中国古典园林明确的自然观——本于自然，高于自然。

在不同的地域背景下，自然的条件有所差异，文化的传统各不相同。然而，在对园林景观设计的自然认知上却有着相似的追求与倾向。景观设计本就是在自然环境之中营造承载人类活动的场所，在基本存在与人为营造的过程中，矛盾或者对立必然会存在，如何认知决定了对自然的干预程度，以及创造怎样的城市空

图 4–28　SEB 银行广场雕塑与灯光的交相辉映

图 4–29　铁锚公园中的雕塑与浮雕

图 4–30　矩形树池中的雕塑

图 4-31　雕塑的细节

间。这种认知没有地域范围的限制，若将其统称为“自然观”，那么他存在于自然界一切生存空间之中。然而，在园林景观的创作过程中，自然观需要更明确的表达，从空间到形式，从功能到体验，不断挖掘与深入，直至细部与要素。这是一个从宏观到微观的巨大跳跃，设计师是联系的纽带，每一个细节的变化都将被使用者感知，而最终决定了场所的质量。

在景观空间的塑造过程中，自然界中诸多的不可见力量，例如气候、历史、记忆等，相互作用之下，产生了奇妙的场所氛围，他既与地域紧密相关，又似乎脱离了地域的界限，升华为自然不可分离的一个部分。

4.7　挪威海湾之地域景观

挪威位于斯堪的纳维亚半岛的西部，狭长的国土有长达 2.1 万公里的海岸线，其间峡湾众多。挪威也是欧洲山脉最多的国家之一，国土面积的一半以上都是高于 500 米海拔的山地，75%以上是高原、山地与冰川。在挪威的南部，丘陵、湖泊众多，峡湾与湍急的瀑布都是挪威天然的美景。独具特色的地域性景观造就了挪威与其他北欧国家不同的景观特征。在极端的气候变化与特殊的地理条件影响下，挪威的当代景观发展表现出两种截然不同的风格趋势：以建筑式的创作手法塑造与自然环境对比鲜明的景观空间，以此改造并不适宜活动的空间区域；以自然化的创作手法将景观空间融入优美的自然环境之中，以此凸显鲜明的地域景观特质。挪威现代景观的建筑化特征主要受到了现代建筑发展的影响，具体表现在几何空间组合与几何形式的运用上面。而景观自然化的特征则是挪威天然的峡湾、跌宕的山地和茂密的森林等地域性景观的反映。两种设计风格因地制宜，形成了景观与自然明确的对话关系。

与瑞典、丹麦相比，挪威当代景观设计的相关研究非常少，这与挪威现代建筑发展的大量研究形成了鲜明的对比。2010 年，挪威景观设计师联合会（NLA）成立 80 周年之际，出版了《Contemporary Landscape Architecture in Norway》，全书涵盖了 20 世纪初至今的挪威景观发展历史与相关设计作品。目前，挪威的园林景观师正在国家基础设施建设、旅游开发和牛态保护规划中扮演着越来越重要的角色。高速公路的沿途景观，水利工程的景观改造，尤其是国家旅游发展项目，景观规划与设计都在项目最初便提上计划日程。园林景观师在与各个领域的工程师、设计师合作中，塑造了地域自然环境中符合功能、充满诗意的活动空间。

挪威越来越多的天然海湾、峡谷、瀑布与森林景观成为了旅行者向往的天堂，这些地方自然而纯净，险峻而神奇，在现代化城市景观中稀缺珍贵。强烈的自然气息对景观空间的介入提出了巨大挑战，在自然环境如此敏感的区域人为地塑造可观赏、感知的场所，既要求对自然空间的原始保留，又需要满足人们开发自然场地、体验自然风景的需求，两者的平衡至关重要（图 4–32）。

距挪威第二大城市卑尔根（Bergen）不远的松娜峡湾（Sognefjord）全长 204 公里，深 1300 米，是世界上最长、最深的峡湾，有“峡湾之冠”的美誉。松娜峡湾包括奥兰峡湾（Aurlandsfjord）和奈罗峡湾（Naroyfjord）支流。奥兰峡湾地处风景秀美的弗拉姆（Flam）山谷，并有世界上最陡峭的高山铁路支线——弗拉姆铁路；奈罗峡湾是具有全欧洲最狭窄水道的峡湾。挪威海湾旅游服务中心就位于松娜峡湾的游船轮渡口处，这里为游客们提供了临时休息、旅游资讯以及餐饮等场所。从远处望去，服务中心的建筑仿佛消失在了峡湾绿色背景之中，简单的坡屋顶建筑被隐藏在了长满野生草种的屋顶绿化下面。屋顶的缓坡承载了约 15 厘米厚土壤的种植池，各种各样的野草、花卉繁茂地生长，它们自发地发芽、凋零，在不同的季节里变幻出多样的色彩与质感，使建筑融入了这片天然的美景之中。木屋是挪威峡湾典型的乡土建筑类型，长条的木材组合成了服务中心的建筑立面，横竖与斜向变化的肌理使木屋立面自然而质朴（图 4–33~ 图 4–35）。

在 2010 年上海世博会上，挪威馆展出的“曲径通幽”18 条国家级旅游路线是受挪威政府和议会委派，由挪威道路局专门设计建造的。对于园林景观设计，挪威风景秀丽的山地与峡谷，既是优势也是劣势。这种地域性景观的价值非常明显，社会大众都支持资源的投入，以制止无序开发，设计师也在这些特质景观中启发灵感。然而，保护与保存是发展的基调，这为景观规划设计提出挑战。正是这样的限制，催生了独具地域特征的挪威当代景观设计项目。就像这些旅游开发项目，为人们提供了体验挪威独具特色的天然峡湾景观、山脉景观的机会，同时展现着人们对自然的精心呵护和对人本需求的细腻关怀。

挪威艾恭（Eggum）国家旅游路线服务站位于罗弗敦群岛（Lofoten）艾恭社区，2007 年建成。在夏季，艾恭是一个观赏极光的最佳地点。服务站的建设意在满足众多露营车、小汽车与公交车的聚集，并为旅游者提供基本的旅游服务。设计师将服务站设置在了圆形露天剧场内，并巧妙借助地形的变化将建筑的主体嵌入了自然的岩石内，使得露营车组装场地、停车场和服务站都具有恰当的位置，每一辆停靠的车辆都能够观赏到海景。整座建筑完全生长在了场地之内，木材与石材两种主要材料的选择使建筑自然地融入了周边环境。一层层台阶石笼由建筑开凿产生的石块回填堆砌而成，建筑主体的木制空间从岩石中延伸而出，其内部与外部厚厚的木板是从距离服务站几百米的海边收集来的浮木。两种材料都未经过处理，展现着材料自然的本色与质感。建筑立面质朴而粗犷的肌理与木制空间、岩石场地精致的交接处理形成了自然与人工的对比。

挪威特洛斯蒂格（Trollstigen）国家旅游路线项目中的观景平台设计犹如一叶扁舟，停泊在壮阔的山峦瀑布之间，惊险而梦幻。观景台地处特洛斯蒂格高地，这里是是盖朗厄尔（Geiranger）深邃峡湾的标志性地区，长长的连通道将夏季游览的人们引导至尽端观景台。在夏季，雪的融水从涓涓细流汇聚为滔滔的瀑布，水作为一种富有活力的动态元素，而山体则是一种静态的元素，独特的场地景观在观景台处徐徐展开。观景台的基底以现浇混凝土支撑，钢结构固定，悬臂式的大梁将观景台伸向了峡湾的深处，仿佛山体的延伸，与自然亲密地对话。特洛斯蒂格高地具有极其特殊的地质条件和环境条件，材料的选择考虑了巨大的季节性反差，以及坚实的土地和不便的交通。在春季、夏季和秋季，大规模的洪水将带来巨大破坏；冬季降雪量非常大，积雪可达 7 米。为抵御大自然的各种破坏力量，需要特别强化静态、结实牢靠的材料选择和设计方案。耐腐蚀、高强度的现浇混凝土和考顿钢（耐候钢的一种）既能够承受极端的天气变化和巨大的静压力，同

图 4–32　优美的挪威峡湾

图 4-33　山水相映的茅草屋

图 4-34　绿色屋顶与环境紧密融合

图 4-35　木屋与绿色屋顶

时又展现出了自然的韵味。钢会随着时间被氧化出现锈迹，混凝土通过不同的技术——打磨、压光、冲刷、清扫、锤铸、压制等，形成多种类型的结构框架和表面纹理。混凝土粗制的肌理凸显出了钢结构的轻盈和玻璃的清透，这些微妙的变化和细腻的设计将人工的构筑与自然的进程紧密地结合。

在挪威优美秀丽的山峦峡湾之间，木材、金属、玻璃、混凝土与石材，这些现代材料与本土材料的结合，创造出了高品质的景观空间，既是时代的标记烙印，也是对自然的崇尚尊敬。

第5章　景观功能·反作用的力量

5.1　大地上的折纸艺术

基本功能

每一个景观空间都有景观功能的存在，每一个景观空间的建立也都是为了满足某种功能需求。这是最基本的法则，然而，这样的建立只能称之为“基本功能”空间，就像住宅建筑需要起居室、卫生间与厨房一样。基本功能的满足很容易，以什么样的形式满足，或者满足基本功能之上的潜能激发，是园林景观设计的关键所在。

奥斯陆台地花园设计的最初构思来源于场地巨大的地形高差以及城市穿行的需求，最终的坡道设计在满足了基本功能的基础上，塑造了花园独特的造型艺术之美，为城市公共空间增添了一处功能与艺术并存的场所。Lagkagehuset 庭园在住宅建筑之间勾画出的优美形式改变了僵硬呆板的封闭空间，赋予了场地全新的认知与体验。庭园满足了居民们茶余饭后的三、两小聚，孩童们的嬉戏玩耍，以及大量的自行车停放需求，也改变了居民们闲暇时间的活动内容。这里成为了居民们自主利用的亲切场所，充满安全感和家园感。潜在行为使景观与功能之间产生互动，共同消长，

这些城市中的公共空间虽然只是城市图底关系中不成形的边角地段，但功能的需求却复杂多样。景观空间以“基本功能”为基础，创造出了各具特色的迷人空间。哥本哈根夏洛特艾梦德森广场（Charlotte Ammundsens Plads）就是这样一处充满魅力的城市空间。广场位于哥本哈根市中心 Nansensgade 地区的一片住宅群内，紧邻哥本哈根文化中心建筑，周围是四、五层高的住宅楼以及一个变电站。广场 2008 年建成，面积仅有 1700 平方米。

在城市中，有很多见面、约会的空间为特定类型的人群服务，人们能够在这些地方与和他们身份相同的人会面、聊天，这些城市空间有明确的功能指向和特定的空间组织。而夏洛特艾梦德森广场的设计目的是创造一处民主的、自由的活动空间，各个年龄阶段和各个阶层身份的人在这里遇见彼此，享受属于他们的公共场所。广场设计没有明确的功能定位，但服务的人群却清晰而肯定。“基本功能”并没有在这里消失，而是由每一个使用者随时进行定义。广场吸引着各类人群来此活动，打篮球、滑轮滑、攀岩、掷球等，每一类活动都可以在广场里发生，

每一种功能又能够瞬间消失。基本功能的存在只是一个伏笔，对景观空间的塑造，内容才刚刚开始……

激发的行为

基本功能是景观空间建立的基础，而景观空间存在的价值绝不仅限于此。具有魅力的景观空间能够从各个层面激发使用者未知的行为，这是景观空间对社会与城市的积极影响，也是最细腻的人文关怀。

夏洛特艾梦德森广场分为几个不同的区域：一个典型的、独具哥本哈根特色的广场，运用了传统的地域性景观材料——石材铺装，与城市其他主要广场有明显的延续性，形成了广场主要空间与城市的对接与过渡；黑色的柏油铺装区域在地面上划定了明确的球场边界，并放置了篮球架，形成较开阔的活动场地；广场西侧一片黑色塑胶游戏场地上放置了简单而有趣的娱乐设施，可坐、可靠、可攀爬，充满趣味性，植物的围合也为游戏场地提供了休息的功能；广场的主体景观是一片似海边起伏跌宕的坚硬岩石般蔓延开来的构筑物，白色的混凝土材料塑造出了城市之中充满立体感的自然景观意向。球场活动区域与 Søgade 街标高相同，另一端以三步台阶上升到哥本哈根广场，与 Nansensgade 街平齐。宽阔的台阶上铺设了木质坐凳，并通过台阶踏步的高低变化限定了停留与穿越空间（图 5–1）。

现在的广场上每时每刻都在发生着各种各样的活动：宽大的台阶坐着观看打球的人们，他们时不时地参与进来，或静坐休息；台阶上方的广场，在夏季坐满了喝着咖啡谈笑风生的人们，他们有意无意地看着低处的活动区域，被那些有趣的行为所吸引；球场和白色构筑物区域有自行车表演、轮滑和滑板，也有坐着、躺着、攀爬的孩子们，这个蔓延的白色构筑物以自由的组合方式提供了不可预知的全新行为体验。三组构筑物加上零星布置的单体，划分了并不大的广场空间。人们在靠近墙边的构筑物舒适地休息、聊天，看着广场中充满生机与活力的玩耍、娱乐。东侧最长的构筑物一直延伸至北部两个交接的构筑物中间，形成了休息空间与球场空间的界线划分，而其本身也是一处有趣的娱乐空间。构筑物折叠变化的表面产生适宜的坡度大小与折面面积，形成了很好的娱乐活动区域——年龄较大的孩子在这里滑轮滑，较小的孩子在家长的陪伴下翻爬着构筑物，而年轻人除了打球还可以玩耍花样自行车。西侧的白色构筑物围合出了塑胶活动场地的空间感，使这里形成了一处相对独立的健身、娱乐区域。这些白色的构筑物以自由化的形态满足了场地可能产生的各种需求，并在时间的检验下，逐渐激发出适合于场地、适合于人们的潜在行为活动。在广场周边的建筑立面上，形成了一圈涂鸦墙，是场地改造之前就大量存在的行为活动之一，现在依然被延续下来，作为曾经的功能印记，为广场增添了青春的活力（图 5–2、图 5–3）。

图 5-1　夏洛特艾梦德森广场独具艺术美感的城市景观

任何场地的行为活动都不可能全部被设计师预测，因为这些活动、事件和功能是随着广场在这个片区的生长和融入，而逐渐出现的。然而，景观空间作为这些活动的承载体，具有促使某些行为加速出现的作用，也有扼杀潜在行为需求的能力。具有魅力的景观空间吸引着人们来到这里，恰当的细节设计鼓励人们进行各类行为活动。当这些活动成为一种习惯时，人们融入了场地，场地激活了区域，彼此共生共长。

区域的改变

夏洛特艾梦德森广场改造前曾是一片废弃的场地，连通着 Nansensgade 街与 Orsteds 湖，是一段黑暗而脏乱的通道，到处都是胡乱涂写的涂鸦，随意种植的树木和散乱在地上的鹅卵石，破败不堪，难于行走。广场的设计赋予了场地全新的意义。

广场独特的艺术表现力成为了这一区域的标志性景观，白色的混凝土构筑物与黑色的柏油球场以及黑色的塑胶活动场形成了色彩上的强烈对比。构筑物的设计受到了日本枯山水庭园的启示，白色的构筑物就像庭园中连绵起伏的置石，高低错落，形成了丰富的空间层次，每一个位置都提供给观赏者不同的立面与折坡角度。就像日本著名的枯山水庭园龙安寺方丈庭园中，十五块被分为五组的岩石，挪动了其中任何的一块都将破坏掉完美的构图与各个角度的视觉画面。白色构筑物主要分为三组，并在墙脚边缘处以及塑胶活动场地中零星点缀单体构筑物。这些单体是对整体构筑物的呼应，也解决了广场与建筑立面之间尴尬的交接关系，将墙脚空间充分美化与利用起来。构筑物之间的折合形态塑造了交错变化的构筑物立面层次，以及较强的延伸感。在划分出丰富广场空间的同时，使行为与功能多样化，观赏的角度、位置也灵活多变。白色构筑物的平均高度在 80 厘米以下，仿佛生长于大地之中，折折爬爬地在广场中蔓延，黑色铺装的衬托使构筑物更加醒目、跳跃，不同角度的折合关系也清晰可辨。广场的艺术美感来源于形体的连贯交错，颜色的对比衬托，以及丰富的空间划分。人们总是能够在建筑拥挤的城市街道之间瞥见被封闭围合着的夏洛特艾梦德森广场，艺术之美的标志感是广场对城市空间的贡献，它让这一区域可识别，可感知，更可体验（图 5-4）。

艺术的表现力让人们发现夏洛特艾梦德森广场，多种功能的承载让人们留恋于广场。这里对区域的改变绝不仅是城市中一笔艺术的画面。广场的改造设计受到了当地人们的喜爱，现在的新广场是城市中不同年龄段，以及各个阶层的人们见面、聚会的地方。多样的行为活动逐渐地在这出现，激发着人们对公共生活的热情和区域的活力。场地原有的一些功能被延续下来，涂鸦和攀爬墙等街道文化并没有被摒弃，只是改变文化与功能存在的空间。另外，还有小料石的铺装以及樱桃树等场地地域性景观要素，被完美保留而加以利用。无论曾经的场地如何破

图 5–2　球场上活动的人们

图 5–3　黑色塑胶场地与白色构筑物

图 5-4 在广场上蔓延伸展的白色混凝土构筑物

图 5–5　涂鸦墙与墙边的构筑物

败凌乱，生活方式与地域元素的合理延续都能够赋予场地更多的内涵，它们是合理的潜在行为和传统的区域象征的保留（图 5-5）。

好的景观空间设计是对区域的改变和城市的贡献。就像格洛斯楚普市政厅公园，它的存在引导了人们改变他们的行为习惯，居民们重新选择出行路线以经过公园，在这里短暂地停留、交谈，享受城市开放的公共空间。夏洛特艾梦德森广场改变了一处废弃的脏乱空间，以艺术的美感征服了视觉的渴望，它激发了人们的潜在行为意识，创造了民主、自由的多样化活动场地，也将活力与生机注入整个区域。

预见能力

预见能力是园林景观师应具备的最基本素质，通过“预见”把握场地最恰当的改造方向，赋予场地最适宜的景观空间。然而，“预见”不可能是全部的掌控，景观空间是具有生命的、持续变化的活动承载，这也决定了“预见”本身的发展属性。

夏洛特艾梦德森广场的设计成功地把握了基本的功能需求，并以自由的理念与定位，预见了场地不同的使用人群以及多样的活动类型需求，创造了一处适合每一个人的城市公共空间。广场不仅延续和满足了区域最基本的活动需求，也提供了不可预见的功能场地，这体现在它灵活多变的构筑物设计上，以及开放的球场空间上。广场的艺术之美塑造了强烈的标志性和可识别性，它不仅仅是一个广场活动空间，更是一处城市的抽象化自然景观。即使空旷无人的时候，广场依然充满了吸引力。很多独具魅力的场所常常在人群散去后显得冰冷、空旷，似乎被遗弃在角落里，夏洛特艾梦德森广场却创造了一个独特的场所，即使在冷清的冬日里，这里也洋溢着欢笑，或在冬日的午后转变为城市的“装置艺术”，依然充满了美感。广场以平实的街道文化与鲜明的艺术感染力获得了城市美化协会的创新奖（Initiative Award by The Association for Beautification of the Capital）。在拥挤的城市空间里，广场恰当的设计方法创造了似乎平淡无奇的功能空间，以及异常美妙的艺术空间，在寻常与不寻常之间的平衡点上，广场成为了使用者的艺术天堂。

在设计之前“预见”场地未来的情况并不是总能成功。设计图纸如一面镜子反映出使用者对场地的预见情况，当按此设计的景观空间建立起来之后，恰当地迎合了使用者的行为，预见成功了第一步；相反，若建立起的景观空间不符合使用者行为，那么预见就完全失败了。所有的景观空间的设计并不是要设计师去预言某个设计将决定什么样的行为，而是在设计之前预见那些已经被确定的行为，也就是习惯。

然而，“预见”若仅仅是满足了最基本的行为习惯，那只能确定景观空间的设计是可行的。“预见”的深度绝不能只停留于此。在满足基本功能的基础上，不同的时间、不同的天气和不同的季节里，场地将会是怎样的场景？在场地未来的发展中，将会以怎样的规律发展、演进，并最终朝着“预见”的方向持续地生长？“预见”太过于复杂，很难全面地总结不漏。于是，在设计中贯彻“预见”才是景观空间建立的真正起点。

所有设计师预见的内容将在景观空间中得以检验，并需要漫长的发展过程。只有“预见”后付诸实施的设计能够激发潜在的活力，设计才真正的成功了。这样的景观空间能够真正地融入城市，融入人们的生活，由自然空间的物质存在上升为社会空间的精神感知，从而成为城市生活的一部分。

5.2　昼与夜的星空

诗意与冒险

西北公园（North West Park）位于哥本哈根城市的西北区域，建成于 2010 年，面积约 3.5 公顷。公园连通了一片居住区之间的城市公共空间，并被建筑分为了三个主要部分。哥本哈根西北部这片最灰暗的地带，被人们公认为城市最差的区域，缺少公共生活空间，污染严重，犯罪率高。西北公园就像是一个童话世界中的梦幻天堂，改变了区域的城市印象，提供了该地区最重要的公共娱乐空间和户外生活场所。公园充满了诗意、梦幻、冒险与惊喜……

西北公园的设计要素简单而统一，多样的植物、弯曲的小径、美妙的灯光、星形的座椅与起伏的草地共同建立了公园的秩序感与整体感，将零碎的绿地空间以强烈的标志性连通贯穿，形成西北区域最重要的城市标志性景观。

弯曲的道路如一条飘带穿越于三个主要的公园空间内，引领着人们体验充满了趣味性的浪漫空间。徜徉于公园中，下一个转角总是不可预见的景象。在每一个转弯处，人们都会被彩叶的植物、美丽的颜色和星形的图案所吸引，惊喜让体验的过程丰富多彩。然而，所有的惊喜与体验的过程都控制在设计师的笔下，无论在公园的什么位置，都能够看到三个约 10 米高的山丘圆台当中的一个。它们均匀分布在公园的三块主要绿地空间内，作为标志物，指引着人们的方向感，并标识着场地的连续性。山丘高大的体量和嫩绿的色彩吸引着人们走进公园，探寻公园丰富多样的景观要素与景观场景，而山丘本身就是空间中不可缺少的绿色雕塑与身份标识。

公园诗意的美感来自于那些仿佛从银河系一不小心坠落在地球上的恒星，幻化为大大小小、颜色各异的铺装与坐凳。它们随意地散落在草地上，道路中间和小径的边缘，空间似乎变成了全新的宇宙空间，星光闪烁，树影浮动。这些星形的场地和构筑物提供了灵活的可用空间，休息、聊天、下棋、野餐等活动可以自由地存在于公园当中。公园主路的沥青铺装上，除了散落的星形混凝土铺装和坐凳之外，还印刻了各种各样的白色文字与图案。设计师邀请了西北公园附近 Frederikssundsvej 学校的中小学生们写一首诗来描述他们对这一区域的认识，诗文的原始手稿被印画在了沥青路上，贯穿整个公园。从某一个角度观看道路，这些白色的文字好似悬停在了黑色的铺装上面，与周边散布的、大小不一的星星相互衬托，诗意的浪漫弥漫着整个公园，人们不禁陶醉在这梦幻般的空间之中而感到身心的愉悦（图 5-6）。

公园清晰简练的景观要素形成了鲜明的主题特色，它们表现内容丰富多样，创造了持续变化的空间体验。每一个角落，每一个空间都被强烈的氛围包裹着，灰色的地带被浪漫的颜色和诗意的感知所替代，分散的绿地被整合，并具有了明确的标识（图 5-7）。

安全感与家园感

西北公园的夜晚灯光设计依然延续了基本的景观要素——星形的图案与浪漫的色彩，它们塑造了公园夜晚的诗意。高杆投影灯在草地上、道路上和休息场地上，投射出了不同形状与色彩的光源。植物被红色、蓝色、绿色的圆形灯光点亮，树下的座椅、休息的场地被温暖的黄色灯光笼罩，星形的坐凳与铺装上重叠了投影灯投下的黄色、白色星星图案，仿佛跳跃的小精灵，爬到了坐凳上、道路上和场地中。星空被复制在了夜晚的公园里，点亮了整片区域。在一片黑暗的环境之中，彩色的灯光与闪烁的星空将诗意的美感推向了极致（图 5-8、图 5-9）。

这份诗意与浪漫，梦幻与想象不仅是公园多样的体验过程，更是一份安全感的塑造。

西北公园的夜景设计以非传统的公园灯光照明方式，为一片犯罪率较高和人们毫无家园意识的区域带来前所未有的安全感。公园中高大的投影灯灯柱作为不可缺少的艺术装置，被点缀在草地、道路、活动场地等不同的区域，并针对不同的照明对象投射出各异色彩、多样形状的灯光。灯柱上的条纹状图案增加了白昼与夜晚的场所稳定感，提供了心理上的安全感暗示。不同灯柱图案的颜色变化也丰富了公园的色彩主题（图 5-10）。

安全感与多样的户外活动逐渐地改变了人们的行为习惯，西北公园开始成为人们生活不可缺少的地方。公园多样的空间变化激起了人们的好奇心，每一份惊喜都是冒险精神的启发。人们喜爱公园，因为这里轻松自在，美妙浪漫，多样有趣。宽窄不一的沥青路上通过一排星星图案划分了人行路与自行车路，简单的空间暗示使道路自由而有序。在一些场地边缘区域的小路上，印画了供儿童玩耍的田字格，充满了童趣的记忆，也形成了偶尔的儿童活动场地。宽阔的沥青主路是公园主要的照明系统，也是各类活动场地和交通流线的聚集点，人们可以在这里下棋、聊天，或静坐观赏，也会在路上偶遇朋友。活动场地中

Drenge og piger gemmer sig.
mon tænker på?
Gad vide hvad folk
på himlen blå.
Der ligger man og ser
føles det blødt.
Når man ligger på græsset.
me blomster i parken så se

图 5–6　诗意的小路

图 5-7　浪漫、诗意与冒险的花园

图 5-8　西北公园的夜晚

图 5-9　夜的星空

图 5-10　彩色条纹图案灯柱

放置着可移动的座椅，以及观看星空与苍穹的天文娱乐设施，呼应了公园的设计主题。草地上可以举办表演活动，或家庭野餐，户外娱乐，也可以坐着、靠着、躺着，享受阳光。球场和体育设施既可以提供附近居民的使用，也吸引了Frederikssundsvej 学校的学生们来此活动。每一个人都可以在公园中找到他们喜爱的活动空间，这些多样的事件、活动赋予了公园活力，引导了整个区域的积极发展。人们在这里放松地展现自我，家园的意识在每一个居民之间蔓延滋长（图 5-11~ 图 5-13）。

西北公园以一种童趣的方式记载下了人们对场地曾经的认知与记忆，印画在黑色沥青铺装上的稚嫩文字是孩子们最单纯、最天真的意识表述，可爱而直接，如一种最原始的评价记载了场地的变化过程。现在的公园是人们共同维护的家园，这里彻底改变了区域的形象，人们为此而骄傲。

多样性的涵义

多样性流行于生态领域，常用以形容自然环境中生物种类、组群的多寡，生物多样性已经成为衡量区域生态环境的重要标准。那么在人文景观中，社会生活方式的多样性、文化景观的多样性是园林景观可持续发展的重要标准。“环境、

图 5–11　铺装上跳跃的格子

图 5–12　公园轻松的休息空间

图 5–13　星形的坐凳与铺装

社会、文化”各自多样性的提升才是城市可持续发展的关键。

西北公园所处的城市西北部是哥本哈根文化最多元化的区域，这里的非西方移民数量几乎是城市其他区域的两倍多。复杂的居民构成提供了公园各类的使用人群，多样化的活动空间满足了区域缺少的户外活动机会。烧烤、下棋、聚会、表演，每一种行为的可能性都可以存在，并随着场地的发展变化无穷。在这里，每一个人都是平等的、自由的，反映了西北区域文化的多元化与广泛性。

公园明确的景观要素中每一类内容的多样化，创造出了轻松、童真，具有鲜明特色的公园景观。内容的多样对应着功能的满足，同时也是空间体验的重要元素。每一个惊喜和每一次冒险都深深吸引着人们来此活动、娱乐，在一片白与昼的星空下徜徉漫步。这些景观要素被植物塑造的绿地空间包裹着，自然的环境使空气更加清新，充满了健康的气息。公园以“1001 棵树”为植物种植设计的主题，63 个植物品种形成了公园四季变化的景观。这些植物既包括大部分的乡土植物种类——瑞典花楸（Swedish Whitebeam）、山楂（Hawthorn）、欧洲赤松（Scots Pine）等，也引进了一些外来树种，如日本樱花（Japanese Cherry）、韩国冷杉（Korean Fir）、刺柏（Eastern Redcedar）等。原产于不同地理区域的植物创造出了本土景观与异域景观意想不到的混合效果。[①]植物设计也是对城市西北地区多元文化交融的呼应，是多样化自然环境的塑造。

当白与昼的星空交叠在公园中时，一种可能的体验感悄然浮现——全新宇宙空间的一部分，在这里人们共享着不同的起源，不同的宗教与文化（图 5-14、图 5-15）。

西北公园的多样性体现在景观空间的各个层面，从景观要素、空间形态、植物种类、到活动类型和使用人群，所有的这些内容是对文化的呼应和自然的顺应。公园以一种轻松、简练，甚至直白的表现语言包容了所有的多样性——种族、阶层、文化、信仰，成为了区域积极发展的重要影响因素。

社会价值

哥本哈根西北区域存在着一系列的社会和经济问题，贫穷、低收入、高失业率、高污染，人均住房面积小，公共活动空间少。西北公园是城市区域改造的一个重要计划，它的建成带动了整个哥本哈根西北部地区的活力，改变了区域的空间结构，为西北部拥挤的城市区域注入了一抹鲜活的绿色。公园将曾经混乱的城市巴士总站区域改建成为了优美的城市公共活动空间，人们在这里重新认识这一区域，重新定义自己的家园，也逐渐地建立起对自己的信心和对城市的认同。

---

① 参考 http：//www.sla.dk/byrum/nordvgb.htm.

图 5-14　多样的植物空间

图 5-15　穿越区域小径的多样化景观

公园承载了丰富多样的行为，人们开始越来越多地参与户外活动，并在这里结交新的朋友，由经常的相遇到相互的熟悉，邻里之间的关系不再陌生又充满警惕。公园大面积的草坪中时常举行各类表演活动，让居民们的闲暇时间变得充实而饱满。在城市的西北地区，生活方式的多样性并没有消失，公园多样的活动内容和空间是激发这些潜在多样性的重要途径。人们因公园的存在而开始改变了生活的习惯，增加了户外活动时间，并选择公园的道路穿越这一区域，以短暂的停留，体验舒适的景观环境。

当人们开始习惯于在公园中享受午后的阳光与夜晚的浪漫时，家园感油然而生。人们开始对这一地区的环境改观，从而促进了区域的整体发展。将支离破碎的废弃城市空间改造为城市绿色空间，只是区域改变的第一步，它在整个城市的层面塑造了合理的空间结构。而进一步的区域发展需要人们环境意识、社会意识的共同建立，西北公园恰恰提供了西北地区居民们重塑自我的机会。这一区域正在经历着改变的过程，公园是一个起点，也是一个积极的引导与象征。它向每一个人敞开怀抱，保护和包容了区域的多样性与可变性，也激发了人们的冒险精神与社会参与感（图 5-16）。

景观空间设计是塑造社会价值的重要手段，西北公园是一个很好的例子，它将一个巨大的、隔离的、空旷的空间变成了一个所有种族、国家、阶层和年龄的人们在此相遇和聚集的空间。自然化的景观空间只是塑造场所的一种手段与物质结果，而社会价值的实现才是景观空间设计的精神作用。园林景观师有这样的责任去促进社会的整体发展。中国工程院院士汪菊渊先生在《中国大百科全书——建筑、园林、城市规划》这样定义：园林学是研究如何合理运用自然因素（特别是生态因素）、社会因素来创造优美的、生态平衡的人类生活境域的学科。[①]这个定义充分地点明了园林景观行业的社会本质和存在价值。每一类生产活动都是以一个组织群体为单位进行的，如果说行业是因社会的需求而产生，那么行业的运行方式也将对社会发展产生影响。园林景观亦是如此，每一个景观空间的建立与改造都是对自然环境的改变过程，更是对社会发展的一次较大影响。社会的责任要求园林景观师不仅关注自然，更要思考对社会的改变过程。

西北公园以灯光、色彩、植物，以及小山丘和散落的星空，带来了诗意、浪漫、惊喜、冒险与各种各样的事件，赋予了西北地区全新的活力。区域印象的改变是一个漫长的过程，园林景观设计虽然不是全部的动力和策略，却能够从根本上改变城市空间，改变人们的行为，改变社会的意识。

---

① 中国大百科全书总编辑委员会编，中国大百科全书——建筑、园林、城市规划［M］. 北京：中国大百科全书出版社，1988.05.

图 5-16　多样化的景观要素与浪漫的景观语言

5.3 城市“绿线”

“林荫道”式的社区公园

Soender 林荫道位于哥本哈根西南部的城市边缘地区，2.4 公里长的林荫道穿越整个 Vesterbro 区，面积约 1.6 公顷。林荫道就像是 19 世纪大都市的一个梦想，如一条绿线般覆盖城市。近几年的场地废弃促使了林荫道空间的复兴与改造计划。然而，现代社会的需求已经远远不是曾经单一功能的林荫道所能满足的。林荫道绿地的周边以居住区用地为主，绿地宽约 15 米，两侧是 8 米左右的双车道城市支路，与人行道相隔，是居住区建筑的底层。Soender 林荫道所创造的城市空间已经不仅仅是连通城市道路的绿地分隔带，而是一处充满活力的社区公园。

SLA 事务所与当地社区及市政当局合作，规划 Soender 林荫道这片城市公共区域。规划中首先明确减慢林荫道两侧道路的车行速度，将重点放在休闲活动空间的打造上，而不是一条城市高速公路的隔离绿带。这一决定提升了整个区域的休闲指数，维护了林荫道的社区公园定位。林荫道中间的绿地被加宽，创造出一条线形的休闲空间。现在的林荫道每天有大约 2700 辆汽车和 1600 辆自行车通过，而更多的是林荫道绿地中发生的各种各样活动事件。

城市道路夹峙的绿地空间穿越了一片住宅区域，决定了 Soender 林荫道具有特殊的环境、氛围和功能需求。狭长的绿地具有简洁清晰的布局结构，规整的形式将不同段落的狭窄空间划分为多样灵活的小块场地，既可以漫步其间，又可以承载各种各样的活动。场地的高差变化不大，狭窄的地段也没有更多的空间来形成与城市道路的边缘划分。场地以方正的矩形为基本设计语言，通过微小的高差、多样的铺装以及丰富的植物形成活动空间与漫步空间的界定，景观要素丰富多样，景观空间整体统一。约 20 厘米高的路缘石和锈钢板围合出了草地空间，某些段落种植着多种草本植物搭配的花境，形成了城市道路与休闲场地之间的划分，林荫道空间变得安静而舒适。多样的铺装变化能够界定出多样的小空间，使狭长的林荫道并不枯燥单调。从地面升起约 20 厘米的木平台形成了开放的城市空间，将林荫道向周边的居住区打开。整条林荫道公园富有节奏地划分着规整多样的空间，具有巨大的发展弹性，每一个空间都可以按照未来的发展状况来确定承载的功能。每隔一段距离，林荫道便打开通向周边道路与住区的小径，引导人们进入林荫道花园。林荫道花园在与城市街道交叉的街头空间或相隔一段距离全部打开，形成开放的城市广场，满足较大规模的居民活动。狭窄的林荫道空间因多样灵活的场地划分和简洁统一的形式语言，创造出了特殊地段和谐的社区公园（图 5-17）。

不同品种的行道树沿着整个林荫道种植，形成了一条长长的绿色屏障。植物按照不同的开花时期和树叶变色的时间进行精心的搭配种植，以形成不同季节里交替出现的多样植物景观。地被植物具有丰富的品种，形成了静谧的花园氛围。随着气候的改变和天气的变化，林荫道总是能够提供给人们不同的体验经历，在城市之中绘制出自然的美丽图画（图 5–18、图 5–19）。

社会生活的纽带与公共活动的起搏器

Soender 林荫道社区花园就像一块磁铁，整合了城市住宅分散的区域；林荫道更像一个起搏器，聚集和吸引了公共的活动，成为社会生活的纽带，带动着区域的"跳动"。

在 Soender 林荫道的规划改造过程中，得到了全面的社会参与，市民们期盼已久的各种想法有机会成为现实。规划设计提出了林荫道场地承载的基本功能类型，包括举办球赛、体育竞赛、小型表演、遛狗、烧烤、户外咖啡座和休息花园，其余的功能由使用者决定哪些纳入到场地之中。场地灵活多样的空间布局提供了具有弹性的功能利用方式，林荫道预留了新的游戏场地或各类运动项目场地。林荫道空间的改造以最小的干预方式为每个人创造了包容的空间，为整个区域创造了舒适的环境，进而提升景观空间的社会价值。

对于林荫道附近的居民来说，这条狭长的绿带是这一区域最重要的活动空间，它就像一条连接着城市空间中社会生活的纽带，将人们聚集在这里，融入进城市，形成强烈的社区场所感。林荫道公园的改造不仅满足了现有居民的使用要求，未来的各种用途也被纳入进了计划之中，以适应未来居民的可能需求，使场地可持续的发展演进（图 5–20、图 5–21）。

整条林荫道绿地均衡地分布着各类使用空间，为居民们提供了平等的机会享用城市公共空间，从而充分地满足各类活动的需求。像 Vesterbro 区这样较早建设的城市社区中，很少有集中的绿地作为社区的公园以提供各类活动的场地。Soender 林荫道的规划改造将一片并不存在的景观空间塑造成为了现代社会环境中的公共场所，这一转变不仅赋予了城市一条绿色的肌理，更重要的是激发出了人们潜在的公共活动行为。城市中的人们总是希望能在一片舒适的环境中观看他人表演或为他人表演，这是一种潜在的行为意识。公共活动恰好满足了"看与被看"的简单需求，而这种看似最基本的功能满足却能够改变整个区域的生活氛围。人们从这条狭长的公园的一端漫步到达某一个端点，在路上遇见或陌生或熟悉的朋友，也可能总是不约而同的来到这里打球、轮滑。逐渐地，共享的公共活动建立起了共同的家园意识（图 5–22）。

城市视角的改造模式

Soender 林荫道是一个特殊地段的复兴计划，这里被密集的居住区包围着，早期的城市规划建设划定了城市不可改变的图底关系，很难扩建出一片用于城市公共活动的绿地。而 Soender 林荫道本身也并不是一处大面积的集中场地，只

图 5-17　狭长林荫道的不同形式与风格

图 5-18　林荫道花园

图 5-19　植物的种植方式创造多样的景观空间

图 5-20 林荫道花园中的球场与儿童活动场

图 5-21　休息的树池平台

图 5-22　林荫道花园承载着多样的行为

是一条破败的城市绿化带，它的改造跳出了林荫道周边环境的狭隘视角，从更宏观的城市角度探索了满足现代社会需求的，更恰当的场地定位。林荫道的规划将对应的城市区域看作了一个大型的社区，功能单一，需求明确。林荫道不只是一个道路绿地的概念，更是一个重要的社区公园，它在空间上缝合了两片被城市道路割裂的住宅区域，同时，承载着公共生活无限的可能性（图 5–23）。

在复杂的环境中，园林景观设计更加需要一种基于领土景观的宏观视角看待问题和场地现状。设计师需要把握场地之外的重要影响因素，并找到解决设计问题的重要切入点。任何性质和规模的场地改造都将对周边环境产生重大影响，这种影响如波纹般向外辐射，逐渐变弱；反过来，周边环境往往能够决定一个场地的改造方向与方法，这些不只是存在于场地之内，尤其在总体规划定位的阶段，改造方向受到更大区域内诸多因素的控制。领土景观突破了场地红线的限制，将视角拉向更广阔的空间区域。这个广阔的区域不仅是空间范围上的扩大，也是社会发展的纵向延伸。Soender 林荫道的规划改造是现代社会发展的需求，是现代人生活方式多样化的影射。视角的拉伸能够从区域的角度寻找到解决问题的确切答案，也能够从场地的角度实现改造的目的。两者的结合在 Soender 林荫道的整体规划设计过程中有了很好的体现，场地中景观要素的合理运用创造了多样灵活的社区公园空间。

Soender 林荫道景观规划设计展现了一种行之有效的城市改造模式。这些较早的城市住宅区域与郊区新建的居住区相比，拥有更少的公共绿地和更密集的人口分布，其改造的模式面临着更多的困难和矛盾。在哥本哈根东南部的 ørestad 新区，建起了大面积的住宅与配套公建，这些高层的居住区之间留有大面积的社区公园，起伏的微地形创造出了柔软的绿色地平线，其间点缀着多样的活动空间，承载着与 Soender 林荫道相似的多样化公共活动。大面积的集中绿地能够充分地满足现代生活方式的各种需求，借此创造舒适的居住环境。Soender 林荫道同样试图创造更加宜人的城市生活空间，然而现状土地利用的限定，人口密度和建筑密度的影响，以及现代生活方式的变化等，各个层面的问题决定了在红线范围之内很难找到合适的解决方案。从城市区域角度出发，林荫道就是一片社区内的带状公园，它以均衡的布局承载了各种公共活动和社会生活，借此将两侧的居住区紧密联系在一起，创造出城市之中的“家园感”。

Soender 林荫道在哥本哈根的西南地区划出了一条长长的“绿线”，在城市的图底关系中保留了开放的、绿色的肌理，从结构上丰满了城市绿地的基本框架，让绿色的文脉在城市之中延续、生长。林荫道对城市的意义并不仅限于此，一处社区公园绿带的出现，整合了居住空间，激发了各种公共活动的热情，并借此形成强烈的场所感与家园感。林荫道是现代生活方式的催生产物，更是整个区域社会生活的纽带。林荫道对景观空间社会价值的重现将积极地影响着城市未来的发展。

图 5-23　林荫道花园改变了区域的性质

5.4　废弃地的复兴之路

南森公园（Nansen Park）位于挪威奥斯陆城市西南部的郊区地带，是一片工业废弃地复兴计划的一部分。20 世纪 40~60 年代，在这片长满了丰富植物的场地上，建起了奥斯陆国际机场。1998 年，机场迁址，留下了约 40 多公顷的半岛等待改造，这片残破的废弃荒地中，曾经的自然景象被工业的发展毁坏得支离破碎。整个区域的总体规划设计成为挪威最大的一项工业废弃地改造工项目。工程要求建设一个功能与设施完备的城市公园，以及拥有奥斯陆城市特色的新社区。住宅与商业办公土地卖给了私人开发商，基础设施与环境建设由挪威公共建筑财产管理局和奥斯陆城市政府共同负责，包括污染土地的修复，公路服务设施，工程技术设施，以及景观系统框架的建立。公园的建设要包含新的娱乐活动区域，以及步行网络系统。

南森公园的建立将这里改造成为了优美的城市空间，并于 2008 年向公众开放。公园面积约 20 公顷，周边规划了约 6000 个住宅重建的项目，并建设配套公建设施，为约 15000 个居民提供工作场所。芬兰园林景观师林德海姆（Lindheim）赢得了该项目的设计竞赛，在规划阶段即与 Norconsult 工程公司和德国 Atelier Dreiseitl 公司共同合作，规划设计场地中的整体水系以及水处理设施。公园以曾经居住在这一区域的弗里特约夫 · 南森（Fridtjof Nansen）命名，他是挪威著名的科学家、外交官和北极探险家，曾获得诺贝尔和平奖。

场地历史的记忆与延续

南森公园所处的区域经历了漫长的发展历程，记载了城市发展与社会变迁的过程，而其本身也是场地发展演变进程中的一个阶段。

场地发展历史进程中两个关键的节点构成了场地主要的历史记忆片段。几个世纪以来，场地连绵起伏的山水自然环境承载着传统的生活方式：各种植物与动物的共生，辛勤的园丁，耕作的农民，共同构成了和谐的自然景观特征。1998 年，关闭的机场留下了线形跑道的场地肌理，机场的建设将自然的植被根除，土丘被炸平，水洼被回填，海湾与水口被堵塞，原有的自然景观只在机场跑道的外围留下了些许残余。早期的历史记忆与大部分原初的自然景观特质被抹掉、替代。机场的搬迁为场地的发展提供了重塑自然的机会，曾经的历史与景象成为了追溯回忆的关键所在。

南森公园的设计需要在机场建设留下的不可更改的线型跑道和曾经优美的自然景观之间找到契合的连接点。设计把握了两条重要的历史线索，并将它们的交融合理地展现在了场地之中。曾经机场跑道笔直的线型与自然景观柔和的线型相互结合，对比与冲突的形式感被融合于全新的场地改造之中，勾起人们往昔的记忆和对场地的认知共鸣。这种交汇体现在向南直达旧机场塔楼的直线道路广场与蜿蜒曲折的自然水岸线景观之中，并隐喻地以机场跑道绿色条形灯光这一设计元素来表现场地近代的历史发展阶段。而场地原有的石灰岩地质、起伏的绿色丘陵、蜿蜒曲折的道路和区内现状植被表达了场地早期的历史。开阔的草坪是农耕景观的体现，草坪中蜿蜒隐现的水湾让人们忆起了古老的水系景观。所有的要素都在追寻着场地曾经的自然印迹，并将其转换为适应现代社会发展的公共活动区域和顺应自然演变进程中新阶段的景观特质。

直线与曲线·人工与自然

南森公园区域的整体规划结构呈现环状与放射状的结合，清晰的布局将公园与周边用地、奥斯陆海湾（Oslo Fjorden）、福内布（Fornebu）区紧密地联系在区域之内。放射状的结构也划分出了区域内不同的开发地块，将绿地延伸至每一个地块之中。在放射状规划结构的中心地带就是南森公园区域，从公园核心区向外围均匀地伸展出七条狭长的绿带，指状插入区域之中。公园的道路以放射状贯穿各条绿带，连通了公园与周边各个地块的交通。一条环形的公路连接和穿越了公园的放射绿带，并包围了公园核心区，形成稳定的区域结构。公园三面与奥斯陆海湾相邻，海湾是区域重要的自然景观资源。长长的绿地如手指般伸向了海岸，在规划结构上连通了公园与海湾，同时形成了穿越公园到达海湾的交通要道。绿色的廊道将波澜壮阔的海景引入公园之中，丰富了景观的层次，并为人们提供了向海湾敞开怀抱的开放公共空间。

南森公园的整体布局保留了两个重要的地域性元素——机场机械般的直线跑道形式，以及自然柔和的农业景观形式。直线与曲线的交融，人工与自然的结合，既是对场地地域性景观的呼应，也是创造全新城市空间的基础。一条笔直的林荫道与矩形的水岸平台控制了公园中心区的场地形态，在一片自然化的地形、水系环境中，人工的干预与直线形式的介入创造了明确的休息与观赏的区域。这条直线与公园北侧入口处的机场塔楼以及直线型的广场形成了形式上的呼应。两条笔直的直线是机场历史的印记，也是人工景观在自然环境中的慢慢融入与生长（图5-24~图5-27）。

水系是南森公园重要的景观要素，控制着整个场地的景观结构与生态环境。从公园北侧机场塔楼与候机楼的入口广场开始，水系以不同的形式一直由北向南贯穿整个公园，并凸显了直线景观与自然景观交汇融合的多样性。北侧入口塔楼广场上，一条约15厘米宽的锈钢板叠水通过缓坡将涓涓细流引导向约1.5米宽的浅水池，形成了入口的标志性装置，也是公园水系的起始点。水流顺着地形较缓的坡度变化在浅水池中静静地流淌，引导着人们进入到公园的内部。水池上方每隔一段距离布置一个轻薄的锈钢板平台，连通水池左右两侧的草坪空间和广场空间。规则的浅水池约130米长，到达公园中心区外围的环形公路，水系继续延伸，形式开始有所变化。道路慢慢变得弯曲圆滑，周围是一片起伏的草地自然景观。

水系沿着道路的西侧蜿蜒前进，与草地交接的水岸自然而曲折，长满了丰富的水生植物，自然的驳岸创造出了随水量宽窄可变的小溪流。水系的另一侧是完全的人工混凝土砌筑驳岸，与草堤驳岸形成了软、硬景观的对比，也展现了公园独特的设计主题——人工与自然的结合。经过植物净化的水系流向了公园的核心区域，并扩大为一片约 6000 平方米的中心湖面。大部分水系被水泵抽回到入口塔楼广场，形成循环净化，一小部分水系流向了公园西南侧一片自然化的湿地当中。公园周边住宅区和城市公路的地表水被收集到公园当中，加上湿地水洼的雨水收集，大大增加了公园的水量。各类的水过滤器、水生植物和循环水泵等保证了水系的质量（图 5–28~ 图 5–30）。

在公园的中心湖面西北侧是假日广场和笔直的水岸空间，东南侧是自然化的驳岸和砾石小路连接的喷泉花园，直线和曲线的对比在公园的中心区被强化，形成了重要的公共活动空间。西北水岸空间形式简洁，但具有丰富的空间层次。沿湖的木质平台让人们能够近距离地接触水面；木质坐凳与路灯将平台与混凝土道路分隔开；路旁的林荫道下浮铺了碎石，直接通往园外的草地，两排柳树作为水岸空间的背景，与草坪空间形成自然的过渡。假日广场是笔直水岸空间北侧的节点，广场铺设了较大规格的斜切花岗岩，每个切面尺寸约为 2.4 米 ×1.6 米，形成了大气简洁的广场氛围。广场南面微微向湖面倾斜下来，直至伸入水中，漫向广场的水流在点缀的碎石板与喷水装置的阻隔下，晕开了层层波纹，石板、喷水口与薄薄的水膜在广场上幻化出了充满艺术气息的画面（图 5–31、图 5–32）。

公园的西南侧是自由的小山丘、开阔的草坪与密集的水湾湿地，设计保留了场地原有的一些植被，创造出了山水相依的自然化绿地空间（图 5–33、图 5–34）。

南森公园的水景设计展现了直线与曲线，人工与自然的场地记忆，也创造了舒适的绿色城市空间。规则的水池，狭长的水渠，蜿蜒的溪流，错落的叠水，安静的湖面，干涸的石滩，自然的湿地，这些丰富的水景类型是对生态环境的努力改善，也是对场地自然景观的追忆重塑。

地域景观环境的呼应

挪威的冬季与夏季气候变化巨大，冬季漫长而寒冷，夏季光照时间充足。景观空间的设计必须要谨慎地考虑季节的变化，以适应特殊的气候条件。南森公园在各个季节都充满了活力。为了提高冬季户外活动的舒适性，公园建立了良好的照明系统，并采取了适当的防风措施，所有的设施都坚固耐用，能够承受冻结、积雪与霜冻。休息的平台和座椅大量选用质地温暖柔和的木材，为人们提供最宜人的活动场地。起伏的山丘、草地、水湾在漫长的六个月时间里依然能够展现出冰雪覆盖的优美形式与肌理，极端的气候条件并没有让公园变得冷清、萧瑟，而

图 5-24　林荫道与水岸平台

图 5-25　直线与曲线的交汇

图 5–26　塔楼入口广场的直线水池一直伸向公园

图 5–27　裸露的岩石展现了原有的石灰岩地质景观

图 5–28　入口广场上的锈钢板叠水

图 5–29　低洼地的雨水收集

图 5–30　硬质驳岸与自然驳岸的对比

图 5-31　假日广场

图 5-32　喷泉花园与木栈道

图 5–33　公园开阔的草坪空间

图 5–34　起伏的地形形成的自然化水湾

是展现出随着地域自然环境演变的独特景观特质。

地域性景观赋予了南森公园独特的个性，气候条件、地理条件和场地条件是公园从初期策划，整体规划到细部设计贯穿始终的基础。这些条件决定了公园的布局形式、主题内容和景观要素的组织。其中，场地的生态状况是将所有思考付诸实践的最重要依据。清理受污染的土地是公园建设的第一阶段，铺装材料大量选用了沥青和混凝土等基础材料，绿地部分利用混合肥料滋养土地，将污染的土壤转化为满足植被生长条件的新土壤。大量挖掘的土方、岩石被运到福内布区域，在福内布大型游乐场的周边形成了高大的小山丘和开阔的草坪地带。场地原有的机场平地被改造成了富有层次感，高低起伏的山丘、草地与河流。在优美的自然空间里，所有的植物、铺装与构筑物都选择耐于使用，便于维护的材料，公园整体的地形塑造也以土方平衡的原则，减少运输与浪费。以生态原则为基础的场地改造，将原本单调平坦的机场区域转变成了具有多样空间特质的公共场地，不仅创造了适合于区域自然环境的城市发展空间，也呼应了场地原初的自然化状态。公园以最小的改造力度，在最短的时间内向公众开放，发挥了它最大的环境效益与社会效益（图 5-35、图 5-36）。

区域共生

南森公园对整个区域的贡献不仅是一处废弃场地的自然重塑，更重要的是为城市的人们和附近的居民提供了一处亲近自然，敞开怀抱的绿色空间。这里承载了多样的功能与活动，行为与事件，它激发出共享的社会生活与公共活动。

公园七条延伸的绿带将活动空间扩展到区域更大的范围之内，这些 30 米 ~100 米宽度不等的空间内，布置了各类活动设施。排球场、运动场与大型的攀爬网提供了青少年体育活动的场地，以及健身娱乐的场所；一个个高低起伏的塑胶场地上，布置了儿童娱乐设施，孩子们在这里尽情地玩耍打闹。人们在这里慢跑、散步、遛狗、健身，公园容纳了各种可能发生的公共活动。在宽阔的草坪上，预留了多样的使用空间，晒日光浴，大型的表演，竞技赛等，公园为未来的发展留有余地，为可能的行为保有空间（图 5-37、图 5-38）。

在公园的中心区，假日广场上常常有静坐在木平台上观看着周边景色的人们，另一侧是水漫广场上嬉戏的孩子，可移动的钢质设施和喷水装置提供了孩子们与场地的参与互动，也满足了人们亲水的本性。广场上可以举办各类大型的舞蹈表演、戏剧表演等，为人们的公共生活增添乐趣。发生在公园里的这些事件每天都在重复，每刻都在改变，它为公园建立起的自然山水空间注入了真正的活力与生机。

南森公园的规划建设为外围的土地开发项目提供了契机，优美自然空间的建立势必带动周边规划的住宅区与商业区的土地价值，6000 多个住宅的重建也将为公园带来更多的使用人群。房地产的开发和基础设施的建立吸引更多的使用者

图 5-35　随处可见的木质材料形成匀布的休息空间

图 5–36　耐维护的丰富植物品种

图 5–37　公园内的儿童活动场地

图 5–38　公园内的幼儿园

参与到公园的公共生活中来。区域的发展是一个共生的过程，公园的建设与周边地块的发展相互带动，共同生长，以此创造区域的振兴与城市的发展。这是一个相辅相成的漫长过程，区域复兴计划第一阶段的公园改造改变了区域的环境认知，人们对场地的认同在时间的流逝下渐趋深刻，公园的社会价值远远超越了红线范围内所建立的自然空间。以此为基础，公园成为带动发展的区域核心，周边地块的开发在景观空间建立的基础上将激活区域的经济发展与环境意识。

复兴的意义

在后工业时代，一些发达国家的城市建设呈现出了基础设施相对过剩的局面，产生了越来越多的城市废弃地。长时间的破败状态使场地滋生了诸多的问题，环境污染、犯罪率高等，不仅对城市的发展产生了消极的影响，也造成了土地资源的严重浪费。高架桥、铁路、码头、水厂、机场等不同形式基础设施废弃地的再生提供了区域发展的契机，为越来越拥挤的城市提供了无比珍贵的发展空间。很多大型的废弃区域复兴规划具有综合的开发模式和土地类型，整体规划的策略将直接影响整个区域建设的成败。

景观环境建设逐渐成为废弃地改造的重要手段之一，并作为复兴计划当中至关重要的环节。很多废弃地长期存在生态环境污染的问题，这是横亘在场地开发建设面前的首要难题。景观空间能够利用各种生态手段，遵循生态开发原则，在解决环境问题的同时，创造出适合于人们活动的自然化空间。环境的改变，空间的转化将吸引更多的公共活动，并激发出人们对社会生活的热情，从而带动整个区域的活力。

在区域的复兴计划中，公园改造所起的作用绝不仅仅是生态环境的改善，更多的是社会价值的重塑。景观空间建立所带来的生活方式的改变，是漫长的持续过程。当公共生活成为一种习惯，当习惯转化为捍卫国家的意识，景观空间的建立将成为区域发展的强有力助推器，并因社会价值的存在而上升为城市的精神认知。

自然意义与社会意义的双重价值再现决定了，在整个规划过程中，景观建设的先后顺序将直接影响到区域的开发程度和发展速度。南森公园以最小干预的生态原则保护了地域自然环境的特质，并在最短的时间内向区域开放，以先行的姿态带动了整个区域的良性发展。

参考文献

[1] 中国大百科全书总编辑委员会 . 中国大百科全书——建筑、园林、城市规划 [M]. 北京：中国大百科全书出版社，1988. 5.

[2] C. 亚历山大 . 建筑的永恒之道 . [M]. 赵冰译 . 北京：知识产权出版社，2002.

[3] 芦原义信 . 外部空间设计 . [M]. 尹培桐译 . 北京：中国建筑工业出版社，1985.

[4] 尼尔•科克伍德 . 景观建筑细部的艺术——基础、实践与案例研究 . [M]. 杨晓龙译 . 北京：中国建筑工业出版社，2005.

[5] 敬东 . 北欧五国简史 [M]. 北京：商务印书馆出版，1987，9.

[6] 王向荣，林箐，蒙小英，北欧国家的现代景观 [M]. 北京：中国建筑工业出版社，2007.

[7] 张彤 . 绿色北欧：可持续发展的城市与建筑 [M]. 南京：东南大学出版社，2009，1.

[8] 韩国 C3 出版公社 . 国际新锐景观事务所作品集——SLA[M]. 大连：大连理工大学出版社，2008，4.

[9] 蒙小英 . 北欧现代主义园林设计语言研究：1920–1970[D]. 北京：北京林业大学，2006.

[10] 蒙小英，王向荣 . 北欧景观设计的发展与特征 [J]. 风景园林，2007（01）.

[11] 朱建宁 . 做一个神圣的风景园林师 [J]. 中国园林，2008（01）.

[12] 朱建宁 . 展现地域自然景观特征的风景园林文化 [J]. 中国园林，2011（11）.

[13] 斯诺赫塔建筑事务所 . 挪威艾恭国家旅游路线服务站 [J]. 景观设计学，2011（03）.

[14] 张云路，李雄，章俊华 . 风景园林社会责任 LSR 的实现 [J]. 中国园林，2012（01）.

[15] 吴雪飞 . 风景园林与城市废弃基础设施的再生 [J]. 中国园林，2011（11）.

[16] Albert J.Rutledge，A Visual Approach to Park Design[M]. New York：Garland STPM Press，1981.

[17] Nicola Flora etc，Sigurd Lewerentz（1885–1975）[M]. Milano：Eleta architecture，2002.

[18] Peter Blundell Jones，Gunnar Asplund[M]. London：Phaidon，2006.

[19] Albert J. Rutledge，A visual approach to park design[M]. New York：Garland STPM Press，1981.

[20] G.N.BRANDT，Translation from the German by Claire Jordan，The Garden of the Future[J]. Wasmuths Monatshefte für Baukunst und Städtebau，1930（04）.

[21] Schafer，Robert，The Sandinavian Landscape Architect Sven Ingvar Andersson

turns 80[J]. Topos，2007（59）.

[22] Karsten Jϕrgensen，Vilde Stabel，Contemporary Landscape Architecture in Norway[M]. Copenhagen：Gyldendal Akademisk，2010.

[23] Andersson，Sven-Ingvar.Indiv.dual Garden Art，About Landscape[M].Munchen：Callwey Verlag，2002.

[24] http：//www.sla.dk/indexgb.htm.

后　记

对地域性景观设计的研究是从硕博期间就开始做的事情，时至今日，粗略算来也有八年光景。博士论文之后，虽著有《意大利南部古城景观保护与更新》、《法国现代园林景观的传承与发展》两本地域性景观丛书，算得上初有收获，但仍感到惭愧不已。地域性景观实在是个宏观而庞繁的系统，每次著书立作、探索实践都显得那么微不足道。回望各阶段的成果，包括这本刚刚写毕的《经营自然与北欧当代景观》，总觉仍有太多疏漏，自信心从一次次交付成果后短暂的志得意满，转而逐渐消失殆尽。可能正是这样不断进取，全力以赴的思考与反馈、总结与演进的过程，才建立起对地域性景观这个艰难课题的研究信心。

在人与自然相互制约、相互促进的发展中，不可能存在完美的关系。在人类动态的建设过程中，地域性景观的思考或许是一个突破点。即便如此它仍需建立在宽容的基础上才能得到实现，如果没有人们的宽容，一切都无法开始，最终也会一无所得。北欧是关于地域性景观研究的第三个地理区域，我们在这里可以感受到北欧人的宽容，以及独特地理环境和极端气候条件塑造的北欧地域性园林景观，也建立了北欧景观设计典型的自然观。

本书以北欧当代景观设计中独特的“自然观”为出发点，探寻如何在景观设计中呈现“经营自然”，而非“利用自然”。通过景观的“空间、路径、要素、功能”四方面将“经营自然”的设计这一抽象话题贯彻到实践中，以一种可掌控的思想和可运用的方法为园林景观行业的发展提供借鉴。

书中研究内容浅薄，旨在抛砖引玉，请同行们批评指正。

致　谢

本书从资料收集、调研考察、交流访问到最终成稿的漫长过程，以及对相关课题的长期研究路程，得到了很多人的帮助与支持，在这里一并致谢。

首先，感谢导师朱建宁教授多年来的指导与教诲。源于硕博期间的地域性景观研究，实则是追随导师的步伐前行。此外，感谢贾东教授在教学、科研，以及人生道路上给予的指引。本书的完成更是得到了贾老师的大力支持和指导。

在整个写作及出版过程中，感谢张琦先生对本书内容提出的宝贵建议。感谢中国建筑工业出版社唐旭老师为本书出版所做的辛勤工作。感谢诸位师长和同事们给予的支持和帮助。

最后，将本书献于我最爱的家人。